新型农民现代农业技术与技能培训丛书

蔬菜贮运工培训教材

刘昱佳　王保全　编著

金盾出版社

内 容 提 要

本书是"新型农民现代农业技术与技能培训丛书"的一个分册,由华中农业大学园艺林学学院专家编著。内容包括:蔬菜贮运工的岗位职责与素质要求,蔬菜贮运工须具备的基础知识,蔬菜产品的商品化处理,蔬菜产品的贮藏方式,蔬菜产品的运输,蔬菜产品的贮藏病害及其防治,主要蔬菜产品的贮藏,蔬菜产品质量标准与检测等。本书可作为蔬菜贮运从业人员的培训教材,亦可供农业院校相关专业师生阅读参考。

图书在版编目(CIP)数据

蔬菜贮运工培训教材/刘昱佳,王保全编著.—北京:金盾出版社,2008.3
(新型农民现代农业技术与技能培训丛书)
ISBN 978-7-5082-4961-2

Ⅰ.蔬… Ⅱ.①刘…②王… Ⅲ.蔬菜-贮运-技术培训-教材 Ⅳ.S630.9

中国版本图书馆 CIP 数据核字(2008)第 002182 号

金盾出版社出版、总发行
北京太平路 5 号(地铁万寿路站往南)
邮政编码:100036 电话:68214039 83219215
传真:68276683 网址:www.jdcbs.cn
封面印刷:北京精美彩印有限公司
正文印刷:京南印刷厂
装订:桃园装订厂
各地新华书店经销
开本:850×1168 1/32 印张:4.5 字数:103 千字
2011 年 6 月第 1 版第 3 次印刷
印数:14961—19960 册 定价:10.00 元

(凡购买金盾出版社的图书,如有缺页、
倒页、脱页者,本社发行部负责调换)

新型农民现代农业技术与技能培训丛书

编委会

主 任

唐运新　谭祜德

委 员
（按姓氏笔画排列）

王清兰	邓望喜	史德宽	任克良
刘　新	孙双全	李　钦	李合生
李治民	李泽炳	李晓军	沈火林
张　建	张元恩	陈国平	陈章久
陈黎红	肖发沂	郑世发	施森宝
黄明双	曹克驹	曹尚银	彭中镇

序　言

中共中央国务院［2007］1号文件明确指出，加强"三农"工作，积极发展现代农业，扎实推进社会主义新农村建设，是全面落实科学发展观、构建社会主义和谐社会的必然要求，是加快社会主义现代化建设的重大任务。

我国农业人口众多，发展现代农业、建设社会主义新农村，是一项伟大而艰巨的综合工程，不仅需要深化农村综合改革、加快建立投入保障机制、加强农业基础建设、加大科技支撑力度、健全现代农业产业体系和农村市场体系，而且必须注重培养新型农民，造就建设现代农业的人才队伍。

胡锦涛总书记在党的十七大报告中进一步指出，要培育有文化、懂技术、会经营的新型农民，发挥亿万农民建设新农村的主体作用。

新型农民是一支数以亿计的现代农业劳动大军，这支队伍的建立和壮大，只靠学校培养是远远不够的，主要应通过对广大青壮年农民进行现代农业技术与技能的培训来实现。金盾出版社在对农业岗位培训进行广泛调研的基础上，与中国农业大学老科技工作者协会、华中农业大学老教授协会等单位共同策划，约请数百名农业专家、学者参加，组织编写了"新型农民现代农业技术与技能培训丛书"（以下简称"丛书"）。"丛书"坚持从现阶段我国青壮年农民的文化技术水平出发，突出现代农业技术与技能的传授，注重其先进性和实用性；"丛书"以教材形式编写，共有88个分册，涉及81个农业岗位，除水稻农艺工、蔬菜园艺工、蔬菜植保员、果树植保员分南方本和北方本外，其他均为一个岗位一本培训教材，以方便县（市）、乡（镇）、村组织新型农民培训和农业企业进行岗位培训时选用。"丛书"的组编和出版，还得到了河北农业大学、沈阳农业大学、西北农林科技大学、甘肃农业大学、北京农学院、山东畜牧兽医职业技术学院、大连民族学院、中国农业科学院茶叶研究所、中国农业科学院油料研究所、中国农业科学院郑州果树研究所、中国农业科学院特产研究所、中国农业科学院桑蚕研究所、中国养蜂学会、内蒙古自治区农牧科学院、甘肃省蔬菜研究所、山东省果树研究所、广西壮族自治区柑桔研究所、山西省畜牧兽医研究所等单位部分专家、教授的支持和参与，并列入劳动和社会保障部《全国职业培训与技能鉴定用书目录》，进行推荐，使我们深感欣慰，在此表示衷心感谢。我们希望和相信，通过"丛书"的出版发行，能为新型农民队伍的发展壮大贡献一份力量，也能为现代农业技术与技能培训积累一些可供借鉴的经验。

"丛书"编写时间有限，各分册存在不足或错漏在所难免，恳请同仁和各使用单位批评指正。

编委会

2008 年 1 月

前　言

改革开放以来，我国蔬菜产业发展迅速，蔬菜种植面积居世界第一位。而贮运保鲜技术还远远满足不了生产发展和消费的需求；同发达国家相比，无论是无公害蔬菜、绿色蔬菜，还是有机蔬菜，商品质量都有较大的差距，特别是采后腐烂损失严重，几乎达30%以上。《蔬菜贮运工培训教材》的编写初衷是为满足现代蔬菜产业发展需求，培养具有现代意识和一定专业技能的新型蔬菜贮运劳动者，使在现代化农业大背景下的青年农民朋友可以通过培训或自学，具备适应现阶段蔬菜产业发展需求的相应岗位的业务和技术素质，掌握与蔬菜产业发展需求相应的贮运保鲜实用技术。

本教材内容新颖，语言通俗易懂，技术操作性强，以实例的形式讲述了现代化蔬菜贮运工作者所应具备的一些基本的业务知识和技能。希望它能为广大的蔬菜贮运工作者提供指导和参考，促进我国蔬菜产业的发展。

本书共由8章组成，由刘昱佳负责全书统稿，编写第一、二、八章，参编第三、四章；王保全编写第三、四、五、六、七章。在本教材的编写过程中，邓伯勋教授给予了深切关怀和悉心指导，刘慧敏、刘普同志提供了丰富的建议。谨此表示衷心的谢意。

由于编者水平有限，书中定有不妥和谬误之处，请各位同仁和广大读者批评指正。

编著者

2008年1月

目 录

第一章 蔬菜贮运工岗位职责与素质要求 (1)
一、蔬菜贮运工岗位职责 (1)
二、蔬菜贮运工素质要求 (1)
（一）思想品德素质 (1)
（二）专业素质 (2)

第二章 蔬菜贮运工须具备的基础知识 (3)
一、影响蔬菜产品贮运的采前因素 (3)
（一）生物因素 (3)
（二）生态因素 (6)
（三）农业技术因素 (8)
二、蔬菜产品的采后处理 (9)
（一）愈伤 (9)
（二）预冷 (10)
（三）晾晒 (10)
（四）药剂处理 (10)
（五）涂被 (12)
三、引起蔬菜产品贮运中成熟、衰老、腐烂的原因 (12)
（一）呼吸作用 (12)
（二）乙烯产生 (14)
（三）失水 (15)
（四）休眠 (18)

第三章 蔬菜产品的商品化处理 (20)
一、蔬菜产品的采收 (20)
（一）适时采收 (20)

（二）采收方法 …………………………………………（23）
　二、蔬菜产品的商品化处理 ………………………………（23）
　　（一）整修与洗涤 ………………………………………（24）
　　（二）分级 ………………………………………………（24）
　　（三）保鲜处理 …………………………………………（25）
　　（四）包装 ………………………………………………（26）
　　（五）预冷 ………………………………………………（27）
第四章　蔬菜产品的贮藏方式 ………………………………（29）
　一、简易贮藏 ………………………………………………（29）
　　（一）堆藏 ………………………………………………（29）
　　（二）沟藏 ………………………………………………（30）
　　（三）窖藏 ………………………………………………（30）
　二、通风库贮藏 ……………………………………………（35）
　　（一）通风库的类型及其特点 …………………………（35）
　　（二）通风库的使用管理 ………………………………（37）
　三、低温贮藏 ………………………………………………（39）
　　（一）机械冷藏库的类型及其特点 ……………………（39）
　　（二）机械冷藏库的使用管理 …………………………（40）
　四、气调贮藏 ………………………………………………（41）
　　（一）可控气调贮藏 ……………………………………（41）
　　（二）自发性气调贮藏（MA贮藏）……………………（42）
第五章　蔬菜产品的运输 ……………………………………（45）
　一、运输环境对蔬菜品质的影响 …………………………（45）
　　（一）振动 ………………………………………………（45）
　　（二）温度 ………………………………………………（46）
　　（三）湿度 ………………………………………………（47）
　　（四）气体成分 …………………………………………（48）
　　（五）包装 ………………………………………………（48）

（六）堆码与装卸……………………………………………（52）
　二、蔬菜运输的基本要求……………………………………（54）
　　（一）快装快运……………………………………………（54）
　　（二）轻装轻卸……………………………………………（54）
　　（三）防热防冻……………………………………………（54）
　三、蔬菜运输方式……………………………………………（54）
　　（一）铁路运输……………………………………………（55）
　　（二）公路运输……………………………………………（55）
　　（三）水路运输……………………………………………（56）
　　（四）航空运输……………………………………………（56）
　　（五）集装箱运输…………………………………………（56）
　四、蔬菜运输注意事项………………………………………（57）
第六章　蔬菜产品的贮藏病害及其防治……………………（58）
　一、蔬菜产品贮藏病害的种类………………………………（58）
　　（一）传染性病害…………………………………………（58）
　　（二）非传染性病害………………………………………（61）
　二、病害防治…………………………………………………（62）
　　（一）传染性病害的防治…………………………………（62）
　　（二）非传染性病害的防治………………………………（71）
第七章　主要蔬菜产品贮藏…………………………………（74）
　一、叶菜类及花菜类蔬菜的贮藏……………………………（74）
　　（一）大白菜的贮藏………………………………………（74）
　　（二）菠菜的贮藏…………………………………………（77）
　　（三）芹菜的贮藏…………………………………………（78）
　二、甘蓝类蔬菜的贮藏………………………………………（80）
　　（一）甘蓝的贮藏…………………………………………（80）
　　（二）花椰菜的贮藏………………………………………（82）
　三、果菜类蔬菜的贮藏………………………………………（84）

（一）番茄的贮藏 …………………………………………（84）
　　（二）辣椒的贮藏 …………………………………………（87）
　四、瓜类蔬菜的贮藏 …………………………………………（89）
　　（一）黄瓜的贮藏 …………………………………………（89）
　　（二）冬瓜的贮藏 …………………………………………（92）
　五、葱蒜类蔬菜的贮藏 ………………………………………（93）
　　（一）大蒜的贮藏 …………………………………………（93）
　　（二）洋葱的贮藏 …………………………………………（95）
　　（三）蒜薹的贮藏 …………………………………………（98）
　六、薯芋类蔬菜的贮藏 ………………………………………（102）
　　（一）马铃薯的贮藏 ………………………………………（102）
　　（二）芋头的贮藏 …………………………………………（104）
　　（三）甘薯的贮藏 …………………………………………（106）
　七、根菜类蔬菜的贮藏 ………………………………………（108）
　　（一）贮藏性状 ……………………………………………（108）
　　（二）采收及处理 …………………………………………（108）
　　（三）贮藏条件 ……………………………………………（109）
　　（四）贮藏方法 ……………………………………………（110）
　八、豆类蔬菜的贮藏 …………………………………………（111）
　　（一）贮藏性状 ……………………………………………（111）
　　（二）采收及处理 …………………………………………（111）
　　（三）贮藏条件 ……………………………………………（112）
　　（四）贮藏方法 ……………………………………………（112）
　九、水生蔬菜的贮藏 …………………………………………（112）
　　（一）莲藕的贮藏 …………………………………………（112）
　　（二）慈姑的贮藏 …………………………………………（114）
第八章　蔬菜产品质量标准与检测 ……………………………（117）
　一、蔬菜产品质量的概念与要素 ……………………………（117）

目　录

　（一）蔬菜产品质量的概念……………………………（117）
　（二）质量要素…………………………………………（117）
二、蔬菜产品质量标准………………………………………（118）
　（一）蔬菜产品质量标准的含义及作用………………（118）
　（二）蔬菜产品质量标准的分类………………………（119）
　（三）蔬菜产品质量标准的内容………………………（120）
三、蔬菜产品的质量检验……………………………………（121）
　（一）检验方法…………………………………………（121）
　（二）检验内容…………………………………………（123）
　四、蔬菜产品的验收………………………………………（125）
附录　蔬菜的最适贮藏条件…………………………………（127）

第一章 蔬菜贮运工岗位职责与素质要求

现代农业需要新型农民,培养具有现代农业意识和现代农业技术与技能的农业劳动者,是我国农业发展的必然要求。随着蔬菜商品化生产的不断发展,蔬菜贮运工作的重要性日渐凸现。造就一支符合行业发展要求,具有良好专业素养与职场能力,能够担当起行业使命的优秀蔬菜贮运工是全国蔬菜产业发展之急需。

一、蔬菜贮运工岗位职责

一名优秀的蔬菜贮运工,不但需要具备蔬菜采前处理、采后管理等多方面的能力,更需要严格遵守其岗位职责,做到以下两点:

第一,熟悉蔬菜贮运的相关流程,掌握本行业的操作规程。从基本的采前处理到采后商品化处理、采后管理等一系列流程都要做到了然于心。掌握蔬菜采后贮运过程中所需的专业知识,并具备相应的实践操作能力。

第二,要积极开展市场调查,做好市场信息的收集、整理、分析和预测。积极以市场及消费者为对象,运用科学的方法收集、记录、整理和分析有关市场营销的信息和资料,分析当前蔬菜市场的现状及存在的问题,并对未来市场供求状况和发展趋势做出判断。

二、蔬菜贮运工素质要求

(一)思想品德素质

具备较高的职业道德修养,工作脚踏实地;对自己的职业有着浓厚的感情和忠诚度,对菜农及客户有高度的责任感;爱岗敬业,有着高度的工作热情;遵守社会道德、职业操守和行业规矩,尊重客户,合理地维护菜农及商户的利益。

(二)专业素质

掌握蔬菜贮运业务相关的国家政策、标准、法律等方面的知识;熟悉蔬菜贮藏相关的指标,诸如贮藏设施的技术参数、产品特点、优劣势、基本使用方法、技术发展趋势等;了解蔬菜贮运业相关的知识,包括行业特点、市场现状及前景等。此外,蔬菜贮运是一项比较艰苦的工作,尤其是深入田间实地调查,有时要长途跋涉、顶风冒雨、连续作战,在工作中可能会遇到各种困难,这就要求贮运工能吃苦耐劳,并具备良好的团队合作精神及沟通协调能力。

第二章 蔬菜贮运工须具备的基础知识

一、影响蔬菜产品贮运的采前因素

为延长蔬菜产品采后贮运寿命,不仅要注重采后处理技术,更不容忽视采前管理质量。在选用耐贮运品种的前提下,培育品质优良、无病虫危害、无机械损伤的健壮产品,将有利于提高产品自身耐贮运性能,延长贮运寿命。

许多采前因素对蔬菜产品的生长发育、化学成分以及生理特性的形成均有明显的影响,从而影响产品的贮运性能。其影响因素主要有内部因素和外界因素。内部因素即生物因素,包括种类、品种、砧木、植株田间生长状况及产品成熟度等。外界因素主要有生态因素和农业技术因素。生态因素包括温度、光照、水分、霜冻、冰雹、土壤、纬度、海拔高度等;农业技术因素包括栽培密度、施肥、灌溉、修剪、疏花疏果、病虫害防治及植物生长调节剂与化学药剂的使用等。对这些因素人为加以控制,即可改变产品贮运性能。

(一) 生物因素

1. 贮藏蔬菜的质量选择 蔬菜由于其根、茎、叶、花、果实和种子均属可食部分,不同种类的蔬菜可食部分来源不同,组织结构与新陈代谢方式不同,因此贮运性能差异较大。属于植物营养贮藏器官的鳞茎、球茎、块茎等蔬菜,其采后新陈代谢最弱,比较耐贮运。花椰菜是成熟的变态花序,蒜薹是花梗,并且均较耐寒,故可作较长期低温贮运。新鲜黄花菜由于其花器官在采后代谢较旺盛,而且成熟过程中还释放乙烯,故极不耐贮运,花蕾采收后1天即会开放,并且很快腐烂。而生产于热带和亚热带地区的果菜类如番茄、辣椒、黄瓜、茄子、菜豆等,由于其食用部分为幼嫩果实,表层保护组织不完善,采后呼吸作用旺盛,且容易失水和遭受微生物侵染。同时,由于采后果实的生长和养分的转化,果实容易变形和发生组织纤维化,如黄瓜变大头瓜、豆荚变老等,加之不耐寒,8℃~10℃条件下即发生冷害,因此很难贮运。但充分成熟采收的南瓜、冬瓜等瓜果类蔬菜,由于其新陈代谢已经降低,且表皮已形成了角质层、蜡粉或茸毛等保护组织,因此较耐贮运。叶菜类的叶片系同化器官,采后呼吸和蒸腾作用均十分旺盛,故极易萎蔫和黄化,特别是幼嫩叶菜,最难贮运。叶球则较耐贮运,因其为营养贮藏器官,且采收时营养生长已停止,新陈代谢降低。

此外,同一种类蔬菜的不同品种耐贮性也有一定差异,如大白菜的青帮系统品种比白帮系统品种耐贮运,直筒形比圆球形耐贮运,生长期较长的小青口、抱头青等晚熟品种,由于结球坚实、抗病耐寒,故比早熟品种耐贮运。尖叶菠菜耐寒,适于冻藏,较圆叶菠菜耐贮运。

蔬菜营养丰富,含水分多,组织脆嫩,在采收、装卸、运输过程中极易损伤,易引起微生物感染而腐烂。因此,贮藏的蔬菜,一般要求成熟度适当,耐贮藏,新鲜度高,避免病虫感染、日晒雨淋和一切损伤,下面简要介绍一些常见蔬菜的具体要求:

(1)茭白 应选肉质洁白、细嫩、坚实、枝粗,勿过老过嫩,鞘削短,略带保护层(2~3片)的茭白,剔除青茭、灰茭、老茭、小茭,以及断裂的茭白。在削茭壳时要防止刀痕过深,以免茭肉受损伤。

(2)鲜藕 选节短、肉厚,水分少,质地结实,采收较晚的鲜藕,剔除有刀伤和其他机械伤、病虫、断节、漏气、细嫩的藕,要选粗壮、新鲜、老节、饱满、完整、带薄泥的鲜藕。

(3)马铃薯 应在物质积累最多的时候采收,以嫩而不过老的块茎为好。严格剔除病变、刀伤、碰伤、刺伤、裂开、过小、表皮有麻

第二章 蔬菜贮运工须具备的基础知识

斑和雨淋受潮的块茎。

(4)萝卜 要剔除病虫、损伤的萝卜,采收后不应受风吹日晒,否则容易萎蔫变质。

(5)洋葱 应在收获前10天左右停止浇水,并适时采收,即当靠近地面的茎叶开始枯黄,地上部分开始倒伏,外部鳞片变干时收获。

(6)蒜薹 剔除薹苞膨大,薹梗老化,或太粗太短,以及有严重损伤的蒜薹。选择新鲜、脆嫩、组织未硬化,上部保持浓绿色,基部嫩白,尾端不黄、不烂、不蔫、不裂,未受雨淋、日晒,无发热、出汗等现象的蒜薹。有叶鞘的蒜薹容易引起腐烂,应予以剔除。贮藏时应剪去基部萎缩、变色、长霉部分,脱除残留的叶鞘后捆成把。

(7)大白菜 选择结球坚实、柔嫩、抗病的大白菜,并要适时收获,收获后放在田间晾晒3~5天,使外叶萎蔫变软,再运到贮藏场所加以整修,剔除黄帮烂叶,准备贮藏。

(8)菠菜 采收后摘去黄叶、烂叶,捆成把,放在阴凉处准备贮藏。

(9)甘蓝 选择心坚实,棵略大(1 280~3 000克),无虫蛀、烂根、烂叶,无病的菜棵,每棵需留根长6~10厘米,留外叶2~3层。搬运时需轻装轻卸,防止碰伤,避免雨淋、冻坏。

(10)菜花 收获的菜花外叶不要留得过少,一般留4~5片,花球应洁白、紧密、无病虫、无损伤。

(11)菜豆 选择不偏嫩、不过老,粗细整齐,豆荚青绿色,无铁锈斑点,无虫蛀,无损伤的豆荚备贮藏,避免雨淋、暴晒及发热出汗。

(12)番茄 未熟的品质不好,易于皱皮,完全成熟的不耐藏,最好选择绿白(青熟)或成熟前期采收为宜。选择生长健壮,果实丰满,果肉厚实,干物质含量高,果皮厚,种子少,果个不太大,病虫害少,没有损伤的番茄。

(13) 青椒（柿子椒） 选择植株生长健壮，无病虫害，未在田间受冻，发育饱满，已累积充足的营养物质，而生理活动尚未进入衰老时期的辣椒。采收时，果实可稍留蒂柄，但不能留得太长，以免刺伤其他果实。采收、运输过程中要轻拿轻放，以防造成机械损伤。

(14) 冬瓜 选择表面坚硬、无病虫害和损伤的老熟瓜贮藏。注意冬瓜成熟以后，果实表面生出一层果粉，其能防止外界微生物的侵害和减少瓜肉水分的蒸发，对冬瓜有保护作用，不应将其碰掉。

2. 植株田间生育状况

(1) 植株年龄和生长势 生育年龄和生长势不同的植株，不仅产量和果实品质有明显差异，而且耐贮运性也有所差异。生长健壮的植株，产品营养物质含量丰富，故其耐贮运性比生长过旺或过弱的植株要强。

(2) 果实大小与结果部位 对于水果及果菜类来说，同一种类、品种的果实，其大小不同，耐贮运性不同。一般大个果实不如中等大小果实耐贮运。同一植株不同部位果实，由于果实大小、颜色及内容物含量不同，其贮运性能也有所差异。柑橘、苹果果实含酸量高低与耐贮运性密切相关，一般含酸量较高的果实较耐贮运。

(3) 产品成熟度 成熟度对园艺产品的影响较大。生育期中的幼嫩产品呼吸作用旺盛、不耐贮运。表2-1为网纹甜瓜的采收成熟度与品质变化，可供参考。

(二) 生态因素

1. 温度 温度是影响蔬菜产品贮运的最重要生态因素。同一种类品种蔬菜在不同年份、不同季节条件下，由于温度不同，其贮运性不同。栽培期间温度高，植株生长快，产品组织幼嫩，可溶性固形物等内容物含量低，营养物质积累少，品质差，不耐贮运。

栽培期间昼夜温差大,植株生长健壮,产品可溶性固形物含量等内容物含量高,品质好,较耐贮运。

表 2-1 网纹甜瓜的采收成熟度与品质变化(22℃~25.5℃)

(万豆等,1965)

项 目	采后经历的天数	采收成熟度			
		A	B	C	D
离层发育程度(0~3)	0	3.0	2.0	1.0	0
	2	—	3.0	2.3	0.7
	4	—	—	3.0	2.3
果肉硬度(毫米)	0	9.9	17.4	21.9	30.9
	2	—	5.8	8.3	9.4
	4	—	—	4.2	3.4
糖 度(%)	0	14.8	13.9	15.2	13.0
	2	—	14.1	13.3	12.6
	4	—	—	12.7	12.6
风 味(1~5)	0	5.0	4.3	3.7	2.3
	2	—	5.0	5.0	3.6
	4	—	—	5.0	4.0
商品价值(综合)	0	4	4	3	1
	2	—	4	4	2
	4	—	—	3	3~4

2. 光照 光照强度直接影响植株光合作用及形态结构,如植株或果实碳水化合物等内容物含量、叶片厚度、叶肉结构、茎的粗细及节间长短、果实大小等,从而影响产品的品质和贮运性。光质(紫外光、红光、蓝光、白光)对蔬菜作物生长发育和品质也有一定

影响。

3. 水分 水分包括土壤水分和空气湿度,直接影响蔬菜产品的含水量、化学成分和组织结构,从而影响贮运性能。产品成熟期水分过多,则组织含水量高,结构疏松,内容物含量低,采后易失水或腐烂,不耐贮运。

4. 土壤 土壤质地、矿质营养状况等直接影响蔬菜作物生长发育及其产品品质与贮运性能。

5. 地理条件 纬度和海拔高度影响温度、光照强度及降水量等环境因素,从而影响蔬菜产品的贮运性能。

6. 环境污染 近些年来由于工业生产的发展及农业生产模式的改变等原因,导致农产品质量安全问题较为突出,蔬菜产品的污染问题也受到全社会的普遍关注,蔬菜生产的环境污染主要包括大气污染、水污染、土壤污染、农药污染和肥料污染等几个方面。

7. 人工环境 人工环境是指通过人工方法调节植物生长环境的温度、湿度、光照等,如温室大棚、铺设反光膜、施用着色剂、喷(滴)灌、地膜栽培、果实套袋等,从而改善果实品质与贮运性。果实套袋不仅可防病、防虫、保持果面光洁,而且能使果实在贮藏期间腐烂率降低。

(三)农业技术因素

1. 施肥 植物体的营养生长与生殖生长的水平与平衡,会影响产品采后贮运性能。因此,通过施肥等栽培管理技术措施来调节植物营养状况,即可改变产品贮运性能。故保持植株营养水平与平衡,是蔬菜产品贮运的基础。栽培中适当施用氮肥的同时,必须注意增加钙、磷、钾及有机肥的施用。

2. 灌溉 土壤水分过量或不足均会引起植株生理失调,而不利于产品贮运。对大多蔬菜产品来说,采前浇水均不利于贮运。

3. 修剪与疏花、疏果 修剪可以调节植株各部分器官的生长与营养平衡,使花、果等器官获得足够营养,从而影响产品的化学成分。因此,修剪、整枝可间接影响产品贮运性。

疏花、疏果可以影响花、果实大小及其化学成分,能保证适当的叶、花及叶、果比例,控制结果量,保证果实达到一定的大小和品质,增加内容物含量,从而有利于果实贮藏运输。

4. 采前喷药 采前对植株喷施杀虫剂、杀菌剂、植物生长调节剂及其他矿质营养元素,是防止某些生理病害和微生物病害,增强蔬菜产品耐贮运性的主要措施。

二、蔬菜产品的采后处理

(一)愈 伤

蔬菜在采收过程中,很难避免各种机械伤害,即使是微小的、不易察觉的伤口也会导致微生物侵入而引起腐烂。所以,如马铃薯、洋葱、大蒜、芋头、山药等蔬菜在采收后贮藏前,进行愈伤处理是十分必要的。

在愈伤的过程中,周皮细胞的形成要求高温高湿,如马铃薯块茎采收后保持 18.5℃ 以上 2 天,而后在温度 7.5℃~10℃ 和空气相对湿度 90%~95% 条件下,保持 10~12 天。适当的愈伤可使马铃薯的贮藏期延长 50%,也可减少腐烂。

山药在 38℃ 的温度和 95%~100% 空气相对湿度下愈伤 24 小时,可以完全抑制表面真菌的生长和减少内部组织的坏死,且愈伤后在常温下贮藏比冷藏效果更好。

愈伤也有要求湿度较低的。如洋葱和蒜头,在收获后要经过晾晒,使外部的鳞片干燥,一方面可以减少微生物侵染,同时对鳞茎的颈部和盘部的伤口有愈合作用,而对贮藏有利。成熟的南瓜采后应在 24℃~27℃ 放置 2 周,以愈合伤口,硬化果皮,使其更适合贮藏。

(二) 预 冷

蔬菜采收后处于高温环境中对其保存品质是有害的,特别是在热天采收的蔬菜。所以,蔬菜采收后要经过预冷以除去田间热,目的是减慢蔬菜的呼吸,减少微生物的侵袭,减少水分的损失,并且可以节省装载车船的空间(预冷后可以装得较紧)。

预冷的方法很多,最方便的就是将蔬菜放在阴凉通风处,使其自然散热。叶菜类用水冷却不但降温速度快,还可保持组织的新鲜度。最简单的是泡在冷水池中,但冷却水易脏,不宜采用此法,通常宜用流水冷却,或用水泵进水循环以增加效率。冷却水必须清洁,水中加清洁剂则更好。用高速鼓风机吹冷风也可快速降温。还可用真空冷却法,即把蔬菜放在一圆筒或贮藏室中,然后密封,并迅速抽成真空。当圆筒或贮藏室中的压力降低后,水的沸点下降,于是气化预冷开始,在 613.3 帕的气压下圆筒或贮藏室内的温度达到 ± 0 ℃。抽真空是用真空泵完成的。蔬菜在装入真空设备前,还需喷雾加湿,通过表面水分的气化,预冷会更加充分,同时蔬菜的重量损失因水分蒸发量减少而降低。

(三) 晾 晒

蔬菜在采收时含水量多,组织脆嫩,因此在贮运中很容易损伤和遭受病虫危害,在生理上呼吸与蒸腾作用也都很旺盛,如若直接入库,会使库内湿度增大,引起微生物繁殖,而致腐烂,因此应根据蔬菜种类、贮藏方式进行必要的贮前晾晒。晾晒一般用于含水量较高、呼吸与蒸腾作用旺盛的叶菜类以及通风性能差的贮存库。

(四) 药剂处理

1. 杀菌剂 果蔬采后腐烂大多由真菌引起。果蔬在采收、包

第二章 蔬菜贮运工须具备的基础知识

装、贮存和运输过程中若受到机械损伤,霉菌很容易通过伤口侵蚀果蔬并大量生长,从而造成果蔬的腐烂。长期以来防治真菌病害的方法主要是采用化学杀菌剂。然而,连续使用化学杀菌剂会使病原菌产生抗药性,导致环境污染和危害公众健康,这就迫使人们寻求安全、无毒和有效的新方法。用生物杀菌剂进行采后病害防治是国内外近年来发展起来的一个新的研究领域。"十五"期间,我国开发出许多具有自主知识产权的防治蔬菜病害的新型生物杀菌剂,为蔬菜病害的生物防治提供了广阔的选择空间,如:防治番茄、辣椒和茄子青枯病的多黏类芽孢杆菌和荧光假单胞杆菌;防治番茄晚疫病的己丁聚糖;防治番茄病毒病的葡聚烯糖;防治番茄灰霉病的长川霉素;防治辣椒疫病、西瓜枯萎病的申嗪霉素;防治保护地黄瓜霜霉病的地衣芽孢杆菌等。

2. 代谢抑制剂

(1)环氧乙烯　环氧乙烯可抑制番茄后熟,青番茄果实在含有 0.75% 环氧乙烯的空气中处理约 20 小时,可抑制乙烯的产生,延迟成熟达 5~21 天,较高浓度的环氧乙烯或较长时间的暴露可防止成熟,已开始成熟并在呼吸高峰上升时的番茄果实可产生大量的乙烯,这时用环氧乙烯处理无延迟成熟作用。

(2)一氧化碳　将一氧化碳用于气调贮藏,在 38℃ 下可延长蘑菇贮藏寿命达 4 倍。然而,如将环氧乙烯混于一氧化碳中使用,蘑菇的颜色和结构将不能保持,二者效应有对抗作用。另据研究,一氧化碳对莴苣、甘蓝、抱子甘蓝、蘑菇、芹菜、青椒等蔬菜的机械伤害变色有抑制作用,对果菜类、菜花、网纹甜瓜、青豆等可降低腐败。

3. 乙烯吸收剂　某些蔬菜(如番茄)产生的内源乙烯也是影响其贮藏中的重要因素,使用溴化活性炭、分子筛和含有高锰酸钾的载体等吸附蔬菜贮藏过程中产生的乙烯,可起到延迟成熟衰老的作用。比较实用的方法是用蛭石吸收高锰酸钾溶液后,放入贮藏蔬菜密封的塑料薄膜袋中吸收乙烯,效果较好。我国曾用价廉易得的载体,如用刚出窑的砖块吸收饱和的高锰酸钾溶液,用于柑橘贮藏,可延长贮藏期,同时也可用于番茄、黄瓜、菜花等蔬菜的气调贮藏中吸收乙烯,效果亦较明显。

(五)涂 被

涂被是指在蔬菜表面人为涂一薄层,适当调节表皮的开孔部分,以防止过度蒸发,抑制呼吸,减少养分消耗,延缓后熟的进程,提高表面光洁度与商品价值。

涂被过程中必须注意几个问题:一是涂层的厚度应视蔬菜的种类而异,过薄起不到保护层的作用;过厚则会引起缺氧呼吸而导致腐烂。二是为了防止病菌引起的腐烂应加入杀菌药剂以增效。三是人工涂被大量处理时必须使用机械连续作业,但在机械运转中往往使产品遭受机械损伤,后期腐烂率增高,有待进一步改进。

三、引起蔬菜产品贮运中成熟、衰老、腐烂的原因

(一)呼吸作用

1. 呼吸作用对蔬菜的影响 蔬菜采收后仍然是一个活体,不断进行呼吸作,用将体内的复杂有机物分解为简单物质,并释放出能量。呼吸作用制约着蔬菜采后的生理生化变化,影响其成熟、衰老、耐贮性、抗病性以及整个贮藏寿命。因此,在维持产品正常生命活动的前提下,应该尽量使呼吸进行得缓慢一些。蔬菜的呼吸分为有氧呼吸和无氧呼吸,有氧呼吸是主要的呼吸方式,即在有氧条件下,将底物彻底分解为二氧化碳和水的过程;在无氧时,蔬菜也可以进行短暂的无氧呼吸,无氧呼吸过程中,乙醇和乙醛及其他有害物质会在细胞里积累,使细胞中毒,而且消耗同样的呼吸底

物,释放的能量较有氧呼吸少。一般情况下,蔬菜贮运中不会产生无氧呼吸,但是在气调贮藏和塑料薄膜包装中,若供氧不足,组织就开始无氧代谢,产生酒精味,因此要注意通风换气。

(1)呼吸强度　呼吸强度指单位重量的植物材料在单位时间内进行呼吸所消耗的氧或释放的二氧化碳数量,是衡量产品呼吸强弱和组织新陈代谢快慢的一个重要指标,呼吸强度越大,营养物质消耗得越快,贮藏寿命越短。

不同种类和品种的蔬菜呼吸强度差异很大,如萝卜、马铃薯等根茎类和块茎类蔬菜的呼吸强度较小,耐贮藏;而菠菜、石刁柏、绿菜花等叶菜类和花菜的呼吸强度较大,不耐贮藏,果菜类介于根菜类和叶菜类之间。

在蔬菜个体发育和器官发育过程中,呼吸强度也在变化,幼嫩蔬菜,表皮保护组织尚未发育完善,组织内细胞间隙也较大,便于气体交换,呼吸强度较高,很难贮藏保鲜。老熟的瓜果和其他蔬菜,新陈代谢缓慢,表皮组织和蜡质、角质保护层加厚,呼吸强度降低,耐贮藏;块茎、鳞茎类蔬菜在田间生长期间呼吸强度不断下降,进入休眠期呼吸降至最低点,休眠结束呼吸再次升高。

(2)呼吸热　呼吸过程中有一部分能量以热的形式散发出来,叫作呼吸热,它会使周围环境的温度不断增高,必须配备适当的制冷设备,及时排除呼吸热,保持蔬菜贮藏所需要的最适温度。

2. 影响呼吸作用的环境因素

(1)温度　为了抑制蔬菜的呼吸强度,应根据各种蔬菜对低温的耐贮性,尽量降低贮藏温度,注意不能产生冷害和冻害。对低温敏感的蔬菜发生冷害时,呼吸强度反而上升。要保持贮藏环境温度的稳定,温度波动会刺激蔬菜呼吸,增加消耗,缩短贮藏时间。

(2)气体成分　空气中的氧和二氧化碳对蔬菜的呼吸作用、成熟、衰老有很大的影响,适当降低氧浓度和提高二氧化碳浓度,可以抑制呼吸。当氧浓度低于10%时,呼吸强度明显降低,氧浓度低于 2% 有可能产生无氧呼吸。对于大多数蔬菜来说比较合适的氧浓度为 2%～5%。二氧化碳浓度为 1%～5%，二氧化碳浓度大于 20% 时，容易产生无氧呼吸，使乙醇、乙醛物质积累，并对组织产生不可逆的伤害。氧和二氧化碳浓度的临界值取决于蔬菜种类、温度和持续时间。

(3) 湿度　贮藏环境湿度对蔬菜的呼吸强度也有影响，例如，大白菜采收后要稍稍晾晒，因为产品轻微的失水有利于降低呼吸强度；低湿不仅有利于洋葱的休眠，还可以抑制其呼吸强度。然而有些薯芋类蔬菜却要求高湿，干燥会促进呼吸，产生生理伤害。

(4) 机械伤和微生物侵染　蔬菜受机械伤后，造成开放性伤口，可利用的氧气增加，呼吸强度加大，不利于贮藏。同时，蔬菜表面的伤口也给微生物的侵染打开了方便之门，微生物在蔬菜产品上生长发育，促进了呼吸作用，也不利于贮藏。因此，在采收、分级、包装、运输、贮藏各个环节，应尽量避免蔬菜受到机械伤。

(二) 乙烯产生

1. 乙烯的生理作用　乙烯是一种调节生长、发育和衰老的植物激素，所有蔬菜在发育期间都会产生微量的乙烯，而呼吸跃变型果实在成熟期间产生的乙烯要比非跃变的果实多。此外，乙烯不仅能促进果实的成熟，还能加快叶绿素的分解，使蔬菜转黄，促进蔬菜的衰老和品质下降。

2. 抑制乙烯生成和作用的措施

(1) 控制产品自身因素　贮藏前要将有病虫害和机械伤的蔬菜挑出，因为病虫侵染和伤口都会刺激蔬菜产生乙烯。在蔬菜的采收、分级、包装、运输和销售中要轻拿轻放，避免产品损伤。乙烯释放量少的非呼吸跃变果实和对乙烯敏感的产品都不要与大量释放乙烯的果实混合贮藏和运输，以减少乙烯的影响。例如，红色番茄不要与黄瓜贮藏在一起，不然黄瓜很快会变黄。

第二章 蔬菜贮运工须具备的基础知识

（2）控制贮藏环境条件 降低贮藏环境中的氧气浓度,可抑制乙烯的生物合成,提高二氧化碳的浓度可抑制乙烯的生理作用。气调贮藏方法能够延长蔬菜采后寿命的原理之一就是高氧和低二氧化碳对乙烯作用的控制。低温也可以抑制乙烯的生成及乙烯的生理活性。当然,利用乙烯催熟果实时,却需要较高的温度,一般为 20℃左右。

（3）及时排除或吸收贮藏环境中的乙烯 不管如何小心,蔬菜采后总是会有乙烯释放出来,加上乙烯有自身催化作用,贮藏环境中的乙烯浓度必然会迅速升高。因此,应该及时排除贮藏环境中的乙烯,最简单的方法是通风换气,冷藏和通风贮藏库可以开门或通风排除乙烯。

在气调贮藏或限制气调贮藏（塑料薄膜密封包装）蔬菜时,不能随时采取通风的方式来排除乙烯,因为通风将破坏气调环境中氧气和二氧化碳的浓度比。只能使用乙烯吸收剂来脱除乙烯,目前生产中常用的乙烯吸附剂是高锰酸钾。具体做法:将高锰酸钾配成饱和溶液,用一些多孔、多面的珍珠岩、砖块和沸石小碎块作为高锰酸钾的载体,放入饱和高锰酸钾溶液中浸透,自然晾干后,装入塑料袋中密封,使用时再放入打孔的小薄膜塑料袋中,也可以用纱布包成小包放在气调贮藏库或塑料袋及塑料帐中。当高锰酸钾失效时,颜色会由原来的紫红色变成砖红色,此时应及时更换。

（三）失 水

1. 失水对蔬菜的影响 新鲜蔬菜的含水量为 65%～96%,但在贮藏和运输中逐渐失水萎蔫,不仅使产品重量下降,而且还会引起产品失鲜,蔬菜失水 5% 会出现萎蔫和皱缩,有些虽然没有达到萎蔫程度,但口感、脆度、颜色和风味都欠佳。萎蔫还会引起蔬菜代谢失调,组织过度失水会刺激乙烯合成,加速器官的衰老和脱落,降低蔬菜的耐贮藏性和抗病性。因此,在蔬菜采后处理、贮藏、运输过程中应尽量控制失水。但是也有一些例外的情况,如洋葱在贮藏前要进行适当晾晒,加速鳞片的干燥,以促进产品休眠,大白菜适度晾晒使叶片轻度失水,可以降低冰点,提高抗寒能力,同时减少机械伤。

2. 影响失水的因素

(1) 蔬菜自身因素

①表面积比:表面积比是蔬菜器官的表面积与其重量或体积之比。当表面积比值高时,蔬菜蒸发失水较多,叶子的表面积比大,失水要比果实快,而小个的果实、根或块茎要比个大的容易萎蔫。

②种类、品种和成熟度:蔬菜水分蒸发主要通过表皮层上的气孔和皮孔进行,不同品种、种类和成熟度的蔬菜表面的气孔、皮孔和表皮层的结构不同,因此失水快慢也不同。叶菜类极易萎蔫是因为叶面上气孔多,保护组织差;幼嫩器官的表皮层还不发达,主要为纤维素,容易透水,随着器官的成熟,角质层加厚,失水减慢。

③机械伤:蔬菜的机械伤破坏了表面的保护层,使皮下组织暴露在空气中,加速产品失水,所以采收时要尽量避免损伤。当表面组织遭到病虫害时也会造成伤口,增加水分的损失。

(2) 环境因素

①温度:温度越高,空气的饱和湿度越大,当环境中的绝对湿度不变而温度升高时,产品与空气之间的饱和差增加,空气中可以容纳的水蒸气量增加,此时蔬菜的失水也会增加。相反,在绝对湿度不变而温度下降时,饱和差减少,当温度下降到饱和蒸气压等于绝对蒸气压时,就会发生结露现象,此时产品上会出现凝结水,即所谓的"发汗"。

②风速:空气在蔬菜表面流动可将产品的热量带走,但同时也会增加产品的失水,因为产品周围空气的含水量与产品本身的含水量几乎达到平衡,空气流动时会将这一层湿空气带走,空气流速

第二章 蔬菜贮运工须具备的基础知识

越大,这一层空气的厚度就减少得越多,这样就增加了产品附近和空气中的水蒸气压差,从而增加失水。

③空气湿度:当新鲜蔬菜放在一个环境中时,周围的空气湿度不会变得完全饱和,因为蔬菜中有溶质和结合水存在,大部分的新鲜产品与周围环境达到平衡时的空气相对湿度为97%。如果空气干燥,湿度较低,蔬菜就容易失水。

3. 蔬菜采后防止失水的措施

(1)包装、打蜡或涂蜡　减少蔬菜失水的最简单方法是用塑料薄膜或其他防水材料将产品罩起来,也可将产品装在袋、箱或盒子中。聚乙烯薄膜是较好的防水材料。但必须注意的是,包装在减少产品失水的同时,也降低了产品的冷却速度。此外,包装材料的吸水能力也不可忽视,用复合蜡或松香处理包装可防止包装吸水,虽然成本较高,但是在商业上有实用价值。

(2)增加空气湿度　减少蔬菜失水的另外一个有效方法是增加空气的相对湿度,然而高湿又对霉菌生长有利,容易造成产品腐烂,因此可配合使用杀菌剂。增加空气湿度可用自动加湿器向库内喷雾或喷蒸气,也可以在地面洒水或在库内挂湿草帘;或者适当提高蒸发器冷凝管的温度,使其维持在低于贮藏温度2℃~3℃的范围内。总之,将库内的空气相对湿度保持在95%左右,产品失水就可以避免。

(3)适当通风　不管是机械冷库还是自然通风库,都要保证有足够的通风量,它可以将库内的热负荷带走和防止库内温度不均,但是要尽量减低风速,0.3~3米/秒的风速对产品水分蒸发的影响不大。

(4)使用夹层冷库　夹层冷库的库体由两层墙壁组成,中间有冷空气循环,外层墙既隔热又防潮,内层墙不隔热,将蒸发器放置在两层墙之间,通过传导作用与库内进行热交换。由于蒸发器不在库内,不会夺取产品中的水分而结霜,库内的湿度很高,可防止产品失水。

(5)使用微风库　微风库内的冷风是经过库顶上的多孔送入库内或使冷空气先经过加湿再送入库内,可以有效地防止失水。

(四)休　眠

1. 休眠对蔬菜的影响　植物生长发育过程中遇到不良环境条件时,有的器官会暂时停止生长,这种现象称为休眠。有休眠期的蔬菜一出休眠期就会发芽,重量减轻,品质下降,如马铃薯的休眠期一过,不仅薯块表面皱缩,而且产生一种生物碱(龙葵素),食用后对人体有害;洋葱、大蒜和生姜发芽后肉质会变空、变干,失去食用价值。

2. 休眠期　不同的蔬菜休眠期长短不同,大蒜的休眠期一般为60~80天,通常夏至收获到9月中旬芽子才开始萌动;马铃薯的休眠期为2~4个月;洋葱的休眠期为1.5~2.5个月。此外,休眠期的长短在同种类蔬菜的不同品种间也存在着差异。例如,我国马铃薯的休眠期可以分为4种情况:无休眠期的,如黑滨;休眠期较短的(1个月左右),如丰收白;休眠期中等的(2~2.5个月),如白头翁;休眠期长的(3个月以上),如克新1号。

3. 控制休眠的方法

(1)使用化学药剂

①萘乙酸甲酯(MENA):萘乙酸甲酯不仅能抑制马铃薯发芽,而且还可以抑制萎蔫,薯块经其处理后,10℃下1年内不发芽,在15℃~21℃条件下也可以贮藏好几个月。使用时先将萘乙酸甲酯药液喷到作为填充用的碎纸上,然后与马铃薯混在一块,或者把萘乙酸甲酯药液与滑石粉或细土拌匀,然后撒到薯块上,也可以将药液直接喷到薯块上。萘乙酸甲酯的用量与处理时期有关,休眠初期用量要多一些,但在块茎开始发芽前处理时,用量则可以大大减少,上海等地的用量为0.1~0.15毫克/千克。

②氯苯胺灵(CIPC):氯苯胺灵是一种采后使用的马铃薯抑芽剂,可防止薯块常温下发芽,但在薯块愈伤后使用效果才好,因为其会干扰愈伤。使用时将氯苯胺灵粉剂(用量1.4克/千克)分层喷在马铃薯中,密封覆盖24~48小时,氯苯胺灵气化后,打开覆盖物。

要注意的是,上述两种药物都不能在种薯上应用。

③青鲜素(MH):青鲜素是洋葱、大蒜等鳞茎类蔬菜的抑芽剂,采前应用时,必须将青鲜素喷到洋葱或大蒜的叶子上,药剂吸收后渗透到鳞茎内的分生组织中和转移到生长点,起到抑芽的作用。一般是在采前2周喷洒,喷药过晚叶子干枯,没有吸收与运转青鲜素的功能;使用过早鳞茎还处于迅速生长阶段,青鲜素对鳞茎的膨大有抑制作用,会影响产量。青鲜素的浓度以0.25%为好,每667平方米用药量为30千克左右。

(2)辐射处理 辐射处理对抑制马铃薯、洋葱、大蒜和生姜发芽都有效,抑制洋葱发芽的γ射线辐射剂量为4 000~10 000伦琴,在马铃薯上应用的辐射剂量为8 000~10 000伦琴。

(3)其他方法 温度是控制休眠的重要因素,高温干燥对马铃薯、大蒜、洋葱的休眠有利。此外,气体成分对马铃薯的抑芽效果不明显,3%的氧气和7%的二氧化碳对抑制洋葱发芽和蒜薹薹苞的膨大有一定的作用。

思 考 题

1. 影响蔬菜产品贮运的采前因素有哪些?
2. 蔬菜产品的常见采后处理方式有哪些?
3. 引起蔬菜采后成熟、衰老、腐烂的原因有哪些?如何防止?

第三章 蔬菜产品的商品化处理

广义地讲,蔬菜生产不仅是指从播种到采收的栽培过程,而且还包括了采收后的清洗、分级、包装、加工和贮运等产后商品化处理。蔬菜经过商品化处理,既有利于保持优良品质,甚至改善某些品质,提高商品性,又有利于减少腐烂,避免浪费;既方便人民生活,又可以使蔬菜商品增值,使生产者和经营者增加经济效益。

一、蔬菜产品的采收

蔬菜产品采收是指蔬菜的食用器官生长发育到有商品价值时进行收获,是蔬菜栽培过程中最后的环节,也是采后工作的开始,对蔬菜产品的品质、寿命和用途影响较大。但对多次采收的蔬菜,在采收期间还要进行田间管理。蔬菜种类繁多,食用器官(根、茎、叶、花、果实和种子)各不相同,采收方法和技术也比较复杂,若采收方法不当会引起蔬菜产品的损伤和腐烂。特别是对供鲜食的多次采收的蔬菜,不正确的采收会给植株带来许多不良影响。因此,必须采取正确的采收方法和技术。

(一)适时采收

蔬菜产品采收时期受到诸多因素的影响,如品种本身的遗传特性、产品采后的用途、市场需要和市场远近等。蔬菜产品采收的早晚在某种程度上会影响其价格,受经济利益驱使,一些蔬菜产区为了获得高价,总是提早采收,虽然价格有所提高,但产量低、品质次,而且不耐贮藏,不能充分体现该种蔬菜的固有特性。但也不能过晚采收,过晚采收的蔬菜可食器官松软发绵,降低贮运力,减少

第三章 蔬菜产品的商品化处理

器官贮藏养分的积累,过晚采收的蔬菜,容易腐烂变质。因此,需要正确确定蔬菜产品的采收时期。

生产中应根据蔬菜产品成熟度确定其适宜的采收时期,对于果菜类蔬菜采收成熟度一般分为3种:可采成熟度,适用于极早熟品种,尤其是着色不明显或完全不着色的品种;商品成熟度;食用成熟度。鉴别产品成熟度的方法有以下几种:

1. 表面色泽 许多果实在成熟时都显示出其特有的颜色,在生产实践中果皮的颜色成了判断果实成熟度的重要指标之一。蔬菜作物产区大多是根据表面颜色的变化来决定采收期,此法直接、简单,也很容易掌握。番茄成熟后表现红色或橙黄色,辣椒表现出红色或深绿色。长途贩运的番茄应在果实由绿变白时采收,立即上市的应在半红果时采收,加工的应在全红果时采收。青椒应在果实深绿时采收,茄子应在表皮黑紫色时采收,黄瓜应在表皮深绿色、豌豆应在亮绿色、甘蓝应在淡绿色、花椰菜应在花球变白时采收。虽然表面色泽能反映蔬菜产品成熟度,但也不是绝对的,因为表面色泽在很大程度上受到阳光照射的影响,所以判断成熟度不能全凭表面色泽。

2. 主要化学物质含量的变化 蔬菜中主要化学物质有淀粉、糖、酸和维生素类等。可溶性固形物含量可以作为衡量蔬菜品质和成熟度的标志。可溶性固形物中主要是糖分,其含量高标志着含糖量高,成熟度也高。例如,豌豆、豆薯、菜豆等以食用幼嫩组织为主的,糖多、淀粉少则质地柔嫩,风味良好;如果纤维增多,组织粗硬,则品质下降。而马铃薯、芋头等淀粉含量多少是采收的标准,一般应变为粉质时采收,此时产量高,营养丰富,耐贮藏。测定淀粉含量的方法可以用碘-碘化钾水溶液涂在果实的横切面上,使淀粉呈蓝色,根据颜色的深浅判断果实成熟度,颜色深说明产品含淀粉多,成熟度低。

3. 坚实度 一般情况下,蔬菜不测其硬度,而是用坚实度来表示其发育状况。坚实度作为蔬菜采收标准有如下几方面的含意:第一,表示蔬菜没有成熟变软,能耐贮运,如番茄、辣椒等要求有一定的硬度时才能采收。第二,表示蔬菜发育较好,已充分成熟,达到采收的标准,如甘蓝叶球、菜花花球都应充实坚硬。第三,硬度高表示品质下降,莴苣、芥菜采收应在叶变坚之前,豆薯、豌豆、菜豆、甜玉米等都应在幼嫩时采收,过硬反而不好。将蔬菜产品坚实度作为采收的指标,简单易行,但准确度不高,因为不同年份中同一成熟度果肉硬度可能会发生变化。此外,取样时果实所处的生理状态、硬度计插入果实的速度都会影响到硬度,不同仪器和不同操作者得出的硬度也可能不一样。

4. 地上部分植株的形态变化 姜、马铃薯、洋葱的地上部分株叶开始变黄、枯萎、倒伏时为最佳采收期。莴笋达到采收成熟度时,茎顶与最高叶片尖端相平时为采收期。

5. 生长期 蔬菜的生长期也是采收的重要参数之一。不同品种的蔬菜由开花到成熟有一定的生长期和成熟特征。一些瓜果可以根据其种子的变色程度来判断其成熟度,种子从尖端开始由白色逐渐变褐、变黑是瓜果充分成熟的标志之一。豆类蔬菜应该在种子膨大硬化以前采收,其食用品质最好,但作为种子使用时则应该充分成熟采收才好。西瓜的瓜秧卷须枯萎,冬瓜、南瓜表皮"上霜"且出现白粉蜡质,表皮组织硬化时达到成熟。北京露地春季栽植的番茄,约4月20日左右定植,6月下旬采收;大白菜立秋前播种,立冬前采收。

实践中鉴定成熟度并不能只依靠上述方法中的一个,因为其常常受到多种因素的影响。所以,应根据不同种类、品种、生物学特性、生长情况、气候条件、栽培管理等综合考虑。同时,要从调节市场供应、贮藏、运输和加工的需要、劳力的安排等方面确定适宜的采收期,才能确切地制定采收的最适时期。

(二)采收方法

1. 人工采收 用手摘、采、拔,用刀割、切,用锹、镢挖等方法都是人工采收的方法。人工采收可边采边选,分期分批采收,便于满足一些特殊蔬菜产品的采收要求,如黄瓜带花。人工采收是我国目前蔬菜产品采收的主要方法。采收过程中应防止一切机械伤害,如指甲伤、碰伤、擦伤和压伤等,以防微生物侵入,降低耐贮性。

地下根茎菜类的采收都用锹或锄挖,有时也用犁翻,但要深挖,否则会伤及根部,如胡萝卜、萝卜、马铃薯、芋头、山药、大蒜、洋葱的采收都是挖刨,通常马铃薯采收时希望块茎的水分减少,应在挖掘前提前将枝叶割去或在挖后堆晾块茎。山药的块根较细长,采收时要小心,以免折断,又因其通常长有很多小块根,所以在挖时将大块根在根与藤连接处割断取出,而让小块根继续生长。有些蔬菜用刀割,如石刁柏、甘蓝、大白菜、芹菜、西瓜和甜瓜等,石刁柏采收应在早晨进行,依生长情况,可每天或每两三天收割一次。甘蓝、大白菜收割时留2~3片叶作为衬垫,芹菜收割时要注意叶柄应当连在基部,南瓜、西瓜和甜瓜采收通常在清早进行,采收时可保留一段茎割下以保护果实。瓜类目前都为人工采收,菜豆、豌豆、黄瓜和番茄等用手摘。

2. 机械采收 机械采收可以节省很多劳动力,效率高,但其最大不足是机械损伤较严重,而且通常只能进行一次性采收。一般使用强风压的机械,使离层分离脱落,但必须在树下布满柔软的传送带,以承接果实,并自动将果实送分级包装机内。

二、蔬菜产品的商品化处理

蔬菜产品的商品化处理程序包括:整修、洗涤、预冷、分级、包装、表面涂剂、辐射与化学处理等。对某一种蔬菜来说,必要的商品化处理只有其中几项。

(一)整修与洗涤

蔬菜不论用人工或机器采收,在进行分级和包装以前都要先进行洗涤整修,去掉产品上的土垢、泥沙、病虫以及产品上有损伤、腐烂的部分。结球白菜、甘蓝、莴苣、花椰菜、青花菜等要除掉过多的外叶并适当留有少许保护叶;萝卜、胡萝卜、芜菁、芜菁甘蓝要修掉顶叶和根毛;芹菜要去根,有些还要去叶;马铃薯、山药、藕还要除去附着在产品器官上的污垢。随着蔬菜超级市场特别是加工小包装和方便型即食小包装的出现,已相继推出具有清理、洗涤、去皮、切断、包装等多功能的复合型清洗整理设备。

(二)分　级

分级是指不同蔬菜种类根据产品器官的形态特征、品质、性状,从质量上分级、大小上分级等,选择出不同规格蔬菜产品的过程。其有两个显著的作用:第一,完全除去了不满意的部分,清除了在包装后的环境下病害蔓延快的严重后患;第二,消除了由于集约栽培中因品种不同带来的大小、外观缺陷造成的不整齐现象,等级分明,不必翻动挑捡,避免造成损伤。

蔬菜由于食用部分不同,成熟标准不一致,所以很难有一个固定统一的分级标准,只能按照对各种蔬菜品质的要求制定个别的标准。蔬菜分级通常根据坚实度、清洁度、大小、质量、颜色、形状、鲜嫩度以及病虫感染和机械伤等分级,一般分为3个等级,即特级、一级和二级。特级品质最好,具有本品种的典型形状和色泽,不存在影响组织和风味的内部缺点,大小一致,产品在包装内排放整齐,在数量或质量上允许有5%的误差。一级产品与特级产品有同样的品质,允许在色泽上、形状上稍有缺点,外表稍有斑点,但不影响外观和品质,产品不需要整齐地排列在包装箱内,可允许有

10%的误差。二级产品可以呈现某些内部和外部的缺点,价格低廉,采后适合于就地销售或短距离运输。

分级有人工和机械操作两种方式。人工分级必须掌握分级标准、熟悉分级技术,以分级板、比色卡等为工具,常和包装同时进行。人工分级效率低,误差较大,但产品受到的伤害少。机械分级则相反,由于蔬菜种类、品种繁多,大小质地差异极大,很难设计出通用的分级机械设备。

(三)保鲜处理

1. 涂膜保鲜剂 涂膜保鲜剂通常是将蜡、天然树脂、酯类、明胶、淀粉等成膜物质制成适当浓度的水溶液或乳化液,采用浸渍、涂抹、喷洒等方法涂于果实的表面,风干后形成一层透明的薄膜。涂膜剂可以增强果实表皮的防护作用,抑制呼吸,减少营养消耗;抑制水分蒸发,防止皱缩萎蔫;抑制微生物侵入,防止腐败变质。因其价格低廉,适合大批量处理,能够美化产品和具有微气调的作用,在很多国家已经得到广泛的应用。有些果菜如番茄、黄瓜、甜椒采收后为了减少水分损失,防止皱缩和凋萎,可在果实表面涂一层蜡质或其他被膜剂加以保护,这种处理方法称表面涂膜。打蜡的蔬菜还可增加光感,改善果实的色泽,增进感官品质。实践证明打蜡果实可减少50%的水分损失。

2. 辐射处理 用γ射线和β射线照射新鲜蔬菜,可以延长其贮藏寿命(表3-1)。

3. 化学制剂处理 为了降低产品的损耗,改善产品外观,可用化学制剂进行处理。如胡萝卜、萝卜、番茄、甜椒等用100~200毫克/升次氯酸钙(俗称"漂白粉")溶液清洗可以减少腐烂。马铃薯、黄瓜、蒜薹等用仲丁胺(2-AB)熏蒸(60毫克/千克)12小时可减少腐烂。番茄采用赤霉素处理可以推迟成熟,延长贮藏时间。青鲜素可以防止洋葱、萝卜、胡萝卜、马铃薯等发芽。

表 3-1 辐射在蔬菜产品处理上的利用　（依绪方等,1969）

利用目的	适宜量(Rad)	作　用	方　法
抑制发芽	5～50	防止马铃薯、洋葱、蒜、胡萝卜等的发芽、发根和抽薹	可以在休眠期内照射,马铃薯未成熟前收获后立即照射时,易在维管束周围褐变
调节成熟度和组织软化等	50～500	促进或抑制果实的后熟、石刁柏组织软化等	具有呼吸跃变期的果实照射后可抑制后熟
表面杀菌	100～1000	蔬菜特别是果菜类表面杀菌后暂时的保存	引起各种生理学变化
完全杀菌	1000以上	加工蔬菜的杀菌和改进品质等	照射会引起各种化学变化和发生照射异臭,这些副反应可因除去氧气、用惰性气体置换、加入自由基受体和冻结、照射等而减轻

(四) 包　装

采取适当的包装措施,可以防护蔬菜产品免受外界和微生物的侵袭,防止产品在搬运时遭受机械损伤,并可以控制产品因脱水干燥而萎蔫,有效地延长产品的贮存期。蔬菜的包装方式应根据产品的形状和容易腐烂的程度来决定。大体上可以将产品分为如下 4 种类型。

1. 果菜类蔬菜　果菜类蔬菜比较能够承受压力,其呼吸速度较慢,不容易腐败,贮存期通常可以达到数周以上。最普遍的包装方式是采用浅盘并裹包塑料薄膜,或者连同水果和浅盘一起套入纸板盒中。也可以将硬质水果装入塑料袋或网兜里。常见的果菜类蔬菜有番茄、辣椒等。

2. 茎类蔬菜 茎类蔬菜很容易败坏,因为其脱水速度很快。这类蔬菜应该采用防潮玻璃纸或聚乙烯塑料薄膜包裹,同时要求能够换气,以免造成厌氧性腐败。也可以采用聚氯乙烯等热收缩薄膜包裹。典型的茎类蔬菜如芹菜、大黄和芦笋等。

3. 块根蔬菜 块根蔬菜不容易败坏,贮存期比较长,但应该防止其脱水。通常经过洗净,分级,然后装入聚乙烯塑料袋。属于这一类的蔬菜有胡萝卜、萝卜、防风、芜菁甘蓝、甜菜、土豆、葱头、山药和甘薯等。甘薯对光线很敏感,受光线照射后会发青。因此,往往将包装薄膜加以印刷,或者制成棕色等不透明颜色塑料薄膜。

4. 绿叶类蔬菜 绿叶类蔬菜很容易脱水干燥,造成萎蔫,因而需用防潮材料包装。同时,应该注意的是,这类蔬菜的呼吸速度很快,而且对厌氧条件很敏感,因此包装材料的换气性也是非常重要的。属于这类蔬菜的有甘蓝、菠菜、抱子甘蓝、莴苣、花椰菜和菜花等。

(五)预 冷

1. 预冷的意义 蔬菜采收以后,同果品和花卉一样,在运输或贮藏以前迅速除去蔬菜从田间携带的热量,使蔬菜组织温度降低到一定程度,以延缓代谢速度,防止腐败,保持蔬菜的品质,既能延缓后熟,又能减少加工过程中的质变,还能够有效地节省在贮藏或运输中所必须的机械致冷负荷。易腐产品如菜豆、叶菜类、蘑菇、豌豆、芦笋、花椰菜、甜玉米、甜瓜等贮藏期短,因此收获后的预冷只能以小时计;不太容易腐败的蔬菜商品预冷通常以日计。

2. 预冷的方法

(1)冰触法 冰触法是利用碎冰放在包装的里面或外面,这种冷却可和运输同时进行,冷却时还能保护蔬菜的含水量和有较多的氧气。莴苣以冰触法预冷时,冰铺在蔬菜上面称为顶触预冷,一个包装箱装 25 千克莴苣和 12 千克的冰。20 世纪 60 年代出现的液冰机通过从包装箱上的孔口冲进冰水,适合于花椰菜、甜玉米、芹菜、胡萝卜等蔬菜的预冷。

(2) 水冷法　以冷水(通常为冰水)流过蔬菜使之直接冷却的方法称为"水冷法"。有防止萎蔫的效果,有时加入消毒剂(50~100毫克/升次氯酸)杀菌。甜玉米、芹菜等可利用水冷法预冷。

(3) 真空预冷　真空预冷是利用水在减压下的快速蒸发以吸收蔬菜组织中的热量并使产品迅速降温的方法。此法适用于表面积与体积比相当大的蔬菜如莴苣、菠菜等叶菜。真空预冷过程中每降温6℃,蔬菜表面则需进行喷水以防止蔬菜失水造成的品质降低。真空预冷效率高,但设备成本较高,大面积的蔬菜基地中设立真空预冷车间,可提高设备的利用率,降低预冷成本。

(4) 冷库预冷　冷库预冷是新鲜蔬菜直接放入贮藏冷库的预冷方法。此法不需特殊设备,易于进行,但此法冷却速度慢,26℃下采收的蔬菜产品在4℃的冷库中至少要经过4~5天的时间才能降至库温,26℃~27℃下采收的花椰菜和青花菜在1℃~2℃的冷库中1天后才降到15℃,2天后降到9℃,3天后才降到6℃~4℃。

(5) 强制空气预冷　强制空气预冷或称差压预冷,是在冷库内用高速强制流动的空气,通过容器的气眼或堆垛间,以迅速带走蔬菜中的热量的方法。强大流动气体易使蔬菜失水,必要时要加湿或喷雾,所以不适用于叶菜类,茄果类、豆类多用此法。

思 考 题

1. 如何正确采收蔬菜?注意事项有哪些?
2. 蔬菜产品的常见商品化处理方式有哪些?
3. 蔬菜产品的一般分级标准是什么?
4. 蔬菜产品常用的保鲜处理方法有哪些?

第四章 蔬菜产品的贮藏方式

根据不同蔬菜采后的生理特性和其他情况,可以选择不同的贮藏方式和设施,以创造适宜的环境条件,最大限度地延缓蔬菜的生命活动、延长其寿命,同时防止微生物造成的腐烂。

影响蔬菜贮藏寿命的外部环境因素是温度、湿度和气体成分,进行贮藏时首先要考虑的是采用什么方法维持低温。现在我国采用的既有一些以自然气温为冷源、利用简便设施进行贮藏的传统方法,也有现代化的冷藏和气调设施。各种贮藏技术和设施在不断的发展和完善,实践中可根据蔬菜贮藏特性、当地气候条件和经济实力等具体情况选择应用。

一、简 易 贮 藏

简易贮藏包括堆藏、沟藏(埋藏)和窖藏3种基本形式,以及由此衍生的假植贮藏和冻藏。简易贮藏简单易行,设施构造简单,建造材料少,修建费用低廉,具有利用当地气候条件、因地制宜的特点,在我国许多蔬菜产区使用非常普遍,在蔬菜的总贮藏量上占有较大的比重。虽然使用简易贮藏蔬菜的产品贮藏寿命一般不太长,然而对于某些种类的蔬菜产品,却有其特殊的应用价值,如沟藏适用于贮藏萝卜;冻藏适用于菠菜;假植贮藏适用于芹菜、菜花;堆藏或垛藏适用于白菜、洋葱。

主要是凭借经验调节覆盖物厚度加以管理,保湿、防冻。

(一) 堆 藏

堆藏又可分为室外堆藏、室内堆藏和地下室堆藏。北方常用此方法贮藏大白菜、甘蓝、洋葱等。

堆藏是将蔬菜产品直接堆积在地上，受地温影响较小，而主要受气温的影响。当气温过高或过低时，覆盖就有隔热或保温防冻的作用，从而缓和了不适气温对蔬菜产品的不利影响。另外，覆盖还能在一定程度上保持贮藏环境的一定空气湿度，甚至能够积累一定的二氧化碳，形成一定的自发气调环境，故堆藏具有一定的贮藏保鲜效果。堆藏的好坏主要取决于覆盖的方法、时间及厚度等因素，因此堆藏往往需要较多的经验。另一方面，由于堆藏受气温的影响很大，故在使用上有一定的局限性。

(二)沟藏

沟藏也称为埋藏，是将蔬菜产品按一定层次埋放在泥、沙等埋藏物里，以达到贮藏保鲜目的的一种贮藏方法。沟藏一般是应用时临时建造，贮藏结束后填平，不影响土地种植或其他用途，且主要以土为原料，用于覆盖或遮挡阳光。沟藏法在北方冬季普遍用于根菜类蔬菜的贮藏(图4-1)。

沟藏法主要有以下特点：构造简单、成本低；在晚秋至早春这段时间内，可以得到适宜而又稳定的低温贮藏条件；能适当地进行保湿、防冻处理。不过，沟藏也存在许多问题，如贮藏初期蔬菜产品散热易产生高温，贮藏期内不易对贮藏物进行检查，挖沟和管理需要较多的劳动力等。

(三)窖藏

窖藏是利用窖、窑来贮藏蔬菜产品的一种方式。贮藏窖主要有棚窖和井窖两种类型，一般是根据当地自然地理条件的特点进行建造。它既能利用变化缓慢的土温，又可以利用简单的通风设备来调节窖内的温度和湿度。蔬菜产品可以随时入窖、出窖，并能及时检查贮藏情况。因此，窖藏在全国各地都有广泛的应用。

第四章 蔬菜产品的贮藏方式

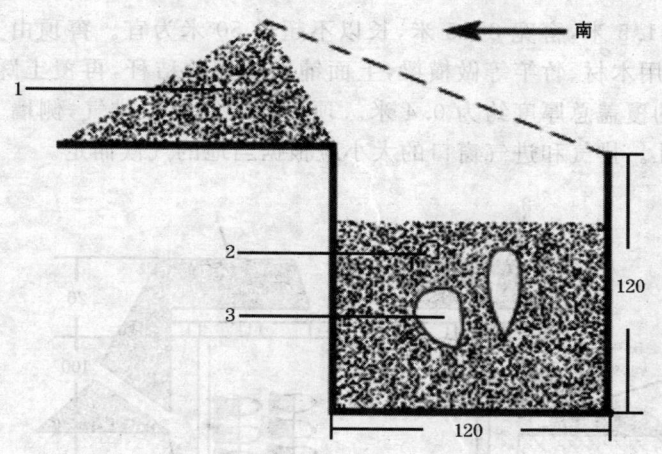

图 4-1 萝卜、胡萝卜沟藏示意图 （单位：厘米）
（邓伯勋，2002）
1. 土堆 2. 覆土 3. 萝卜

1. 棚窖 又称为地窖，是一种临时性或半永久性贮藏设施。在北方常用于贮藏大白菜等蔬菜产品。棚窖的形式和结构因地区气候条件和贮藏蔬菜品种不同而大同小异。棚窖的修建方法为：在地面挖一长方形的窖身，窖顶用木料、秸秆和泥土做棚盖。根据入土深浅可分为半地下式和地下式两种。在温暖或地下水位较低的地方，多采用半地下式，即一部分窖身在地下，另一部分在地面上筑土墙，再加棚顶。在比较寒冷的地区多采用地下式，即窖身全部在地下（一般入土深 2.5~3 米），仅窖口露出地面。地下式的保温效果比较好，可避免冻害。窖内的温、湿度可通过通风换气来调节，因此建窖时需设天窗，而半地下式棚窖窖墙的基部及两端窖墙的上部也可开设天窗，起辅助通风的作用。

华北及东北南部温度较高或地下水位较高的地区，多采用半地下式棚窖（图 4-2），一般窖的地下深度为 1~1.5 米，地上堆土墙高1~1.5米,窖宽3~5米,长以不超过50米为宜。窖顶由支柱撑起,用木材、竹竿等做横梁,上面铺以成捆的秸秆,再覆土踩实,窖顶的覆盖总厚度约为0.4米。顶上开天窗用以排气,侧墙上开进气孔。排气和进气窗口的大小应根据当地的气候而定。

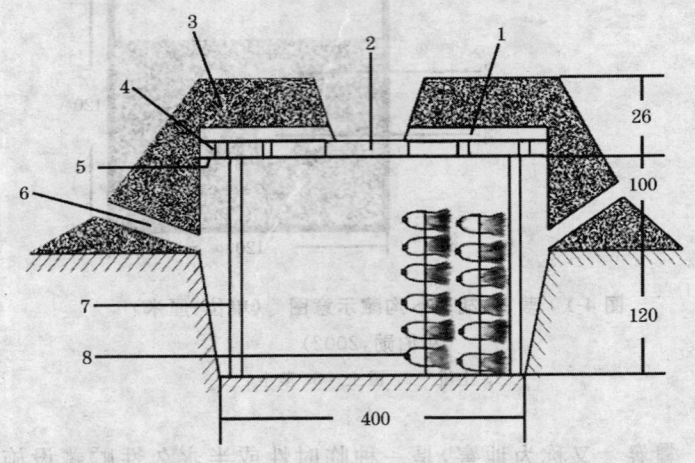

图 4-2　棚窖(白菜窖)示意图　(单位:厘米)
1. 秸秆　2. 天窗　3. 泥土　4. 枕木
5. 横梁　6. 窖眼　7. 支柱　8. 白菜

东北中部、北部及西北大部冬季较为寒冷,多采用地下式棚窖。窖深常以当地冻土层深度为标准,一般窖深超过冻土层0.2米时可达到0℃的窖温。窖顶覆盖总厚度多在0.6米以上。一般在窖顶上每隔4~5米设一通风口,起排气和进气作用。

上述两种窖的出入口常设在窖顶,贮量大的棚窖也可在南侧或东侧开设窖门,有坡道与窖顶相连。棚窖一般每年拆建一次,但窖顶如果用灰渣、水泥、油毡等做防水层,且窖的四周设有排水沟时,也可连续使用2~3年。

菜窖的管理主要包括放风和倒菜两项。放风是指引入外界的冷凉干燥空气,排出窖内的湿热空气。倒菜是指变换菜的位置,将上层的菜倒到下层,下层的菜倒到上层。倒菜和放风这两项措施都是调节窖内和菜体的温、湿度,并排除乙烯等不良空气。倒菜时应将腐烂帮叶择去,并剔除不适于贮藏的白菜。这两项工作应根据季节和天气变化灵活掌握,大体可分为以下3个阶段。第一阶段为入窖初期,即白菜入窖至天气寒冷之前,此时气温、窖温和菜温都较高,白菜因温度高而易出现脱帮腐烂现象。应对措施为加大通风量和勤倒菜。除寒冷天气外,应打开所有通风系统,使窖内空气畅通,并隔3~4天倒菜1次。第二阶段为冬至至立春期间。此期间是全年最冷的季节,菜温和窖温都已显著下降,管理措施应以防止冻害为主。逐渐减少通风次数和时间,避免窖温急剧下降而使白菜受冻。倒菜周期可延长为10~15天1次,并剔除腐烂菜叶。第三阶段为立春以后,此时外界气温回升且变化较大,一般夜间打开通风系统利用冷空气降低窖温,白天封闭通风系统以隔绝外界热空气的进入。倒菜次数也应增加,随着气温的回升不宜久藏,酌情尽早出窖。

2. 井窖 在地下水位低、土质黏重坚实的地方,可修建井窖。井窖建成后,可连续使用多年,其中山西井窖(图4-3)颇具代表性。

井窖由于窖身在地下,故能充分利用土壤的弱导热性和干燥土壤的绝缘作用保持稳定适宜的温湿条件,保证较好的贮藏效果。井窖又可分为室内窖和室外窖。室内窖在蔬菜产品贮藏初期,窖温较高,蔬菜腐烂比室外窖严重。不过在开春以后,窖内温度上升比室外窖慢,因此贮藏期要长。而室外窖正好相反,贮藏前期窖内温度比较低,冬季腐烂比较轻,但在开春后,窖内温度上升则快,从而使腐烂加重,致使蔬菜产品不能长久贮藏。

窖藏贮藏有一套管理技术措施,综合归纳,大致可分为3个阶段:

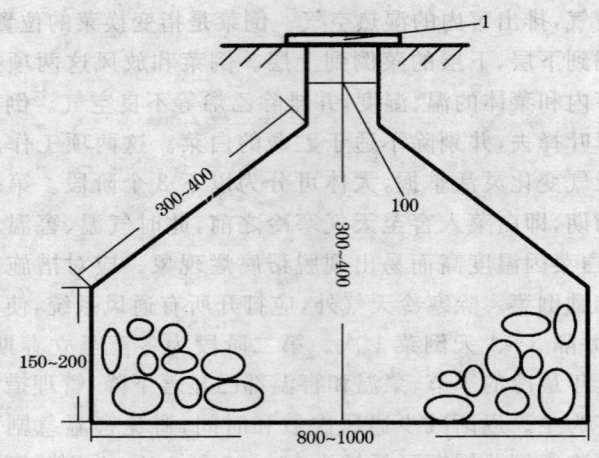

图 4-3　山西井窖示意图　（单位：厘米）

（邓伯勋，2002）

1. 木 盖

一是降温阶段。产品在入窖前，首先要对窖体进行清洁消毒处理。入窖以后，夜间要经常打开窖口和通风孔，以尽量多导入外界冷空气，加速降低窖内及产品温度。冷空气导入快慢，决定于窖内外温差、通气口的面积和窖的高度，如果在排气的地方安装排风扇，则会加强降温效果。在白天，由于外界温度高于窖内温度，所以要及时关闭窖口和通气孔，以防止外界热空气的侵入。

二是蓄冷阶段。冬季在保证贮藏产品不受冻害的情况下，应尽量充分利用外界低温，使冷量积蓄在窖体内。蓄冷量愈大，则窖体保持低温时间愈长，愈能延长产品的贮藏期限。因此冬季应经常揭开窖盖和通气孔以达到积蓄冷量的目的。另外，还要定时清除腐烂产品。

三是保温阶段。春季来临以后，窖外温度逐步回升。为了保持窖内低温环境，此时应严格管理窖盖和通气口，尽量少开窖盖和减少人员入窖时间。

第四章 蔬菜产品的贮藏方式

二、通风库贮藏

通风库贮藏是利用通风贮藏库来保存蔬菜产品的一种贮藏方式。通风贮藏库是具有良好隔热性能的永久性建筑（图4-4），设置有灵活的通风系统。其以通风换气的方式，排除库内热空气，维持库内比较稳定、适宜的贮藏温度。通风贮藏库的基本特点与窖窑类似，且设施比较简单，操作简便，贮藏量也较大。不过由于是依靠自然条件来调节库内温度，在气温过高或过低的地方，则很难达到理想的贮藏温度，而且湿度也较难控制，因此通风贮藏库在使用上受到一定的限制。

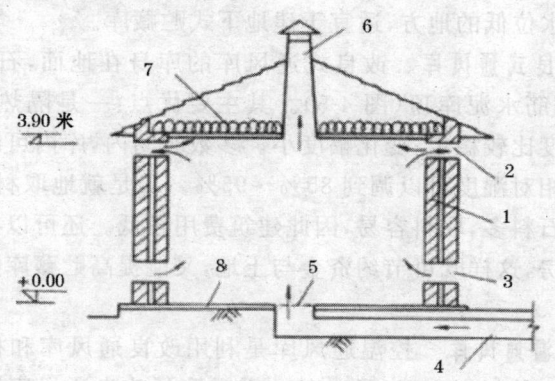

图4-4 自然通风库结构原理图
1. 绝热墙体　2. 上风窗　3. 进风窗　4. 进风地道　5. 地面进风口
6. 抽风口　7. 300毫米厚稻草　8. 混凝土地面

（一）通风库的类型及其特点

通风贮藏库可分为地下式、地上式、半地下式和改良式几种形式。可根据当地气候条件和地下水位高低选择采用。

1. 地上式通风库 地上式通风库的库身全部建在地上,故库温受外界气温的影响较大。地上式通风库可以把进气口设置在库的基部,在库顶设置排气口,这样两者有最大高差,有利于空气的自然对流,所以其通风降温效果较好。它一般建在地下水位较高的地方。

2. 半地上式通风库 半地上式通风库的库身一半在地面以下,库温既受气温的影响,又受地温的影响。一般建在地下水位较低的地方。

3. 地下式通风库 地下式通风库的库身全部埋在地下,仅库顶露出地面,故库温受气温影响较小,而受地温影响较大。另外由于其进出气口的高差较小,所以其通风降温效果较差。在冬季酷寒和地下水位低的地方,适宜于建地下式贮藏库。

4. 改良式通风库 改良式通风库的库身在地面,石头墙,水泥地面,钢筋水泥库顶(图 4-5)。其主要优点:一是隔热性能好,温度与湿度比较稳定,变化幅度小。多数时间内,库内可以保持在 4℃左右,相对湿度可以调到 85%~95%。二是就地取材,经济适用。山区石料多,取料容易,因此建筑费用较低。还可以在贮藏库上加盖住房,这样既可节约资金与土地,又能提高贮藏库隔热保温性能。

5. 控温通风库 控温通风库是利用改良通风库和机械制冷相结合的一种新型库型(图 4-6)。它吸取了改良通风库和冷库的优点。利用水作为热量中间交换体,克服了温度过低造成柚类果实冷害和相对湿度过低造成果实失水严重的缺点。该库型 3 月份前可以充分利用自然冷风保持库房的低温高湿。3 月份后利用机械制冷通风设备适当降低库温至 10℃左右并保持较高的湿度。其比冷库大大节省能源消耗和降低成本,后期又能保持比改良通风库低得多的库温,是一种既能节省能源,又能保持适当贮藏低温的库型。

第四章 蔬菜产品的贮藏方式

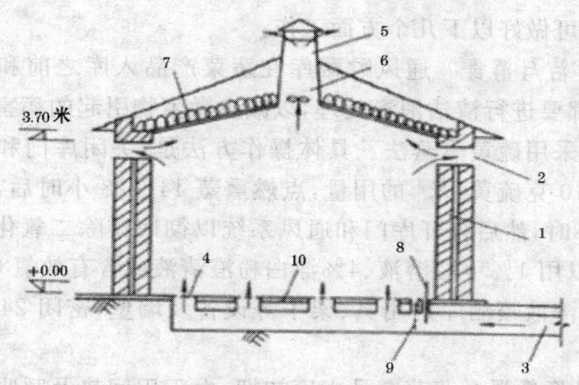

图 4-5 改良式通风库结构原理图
1. 绝热墙体 2. 上风窗 3. 进风地道 4. 地面进风口 5 抽风口
6. 排风口 7.300毫米厚稻草 8. 撬板风口 9. 防鼠网 10. 石板地面

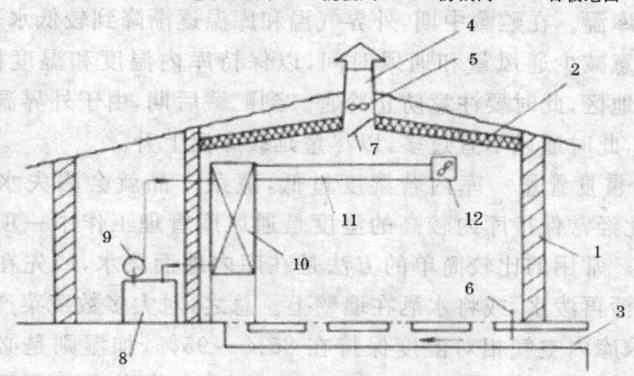

图 4-6 控温通风库结构原理图
1. 隔热墙 2. 隔热顶棚 3. 进风地道 4. 排风道 5. 排风扇
6、7. 风门 8. 制冷机 9. 水泵 10. 冷风柜 11. 风管 12. 风机

(二)通风库的使用管理

通风库管理工作的重点是创造库内适宜的贮藏温度和相对湿

度。具体可做好以下几个方面工作:

1. 清洁与消毒 通风贮藏库在蔬菜产品入库之前和贮藏结束之后,都要进行清洁消毒处理,以减少微生物引起的病害。消毒的方法可采用硫黄熏蒸法。具体操作方法是:关闭库门和通风系统,以约 10 克硫黄/米^3 的用量,点燃熏蒸 14~28 小时后,再密闭 24~48 小时,然后打开库门和通风系统以彻底排除二氧化硫。此外,还可以用 1% 甲醛溶液、4% 漂白粉澄清液或含有效氯 0.1% 的次氯酸钠溶液喷洒库内用具、架子等设备及墙壁,密闭 24~48 小时即可。

2. 温度管理 蔬菜产品入库初期,由于田间热及呼吸释放的热量,库内温度较高,因此产品入库后的主要管理工作是控制通风设备的开启,最大限度地导入外界冷空气,排除库内热空气,以迅速降低库温。在贮藏中期,外界气温和库温逐渐降到较低水平,此时应注意减少通风量和通风时间,以保持库内温度和湿度稳定。在酷寒地区,此时要注意防止冷害。到贮藏后期,由于外界温度逐步回升,此时通风不宜过多,以尽量延缓库温上升。

3. 湿度管理 库内若湿度过低,蔬菜产品就会因失水而萎蔫,因此经常保持库内较高的湿度是通风库管理工作中一项重要的措施。常用的比较简单的方法是在库内地面泼水,或先在地面铺上细沙再泼水,或将水洒在墙壁上。总之,对大多数蔬菜产品而言,要求库内空气相对湿度保持在 85%~95%,加湿则是必要的管理措施。不过对于湿度要求不高的洋葱、大蒜等,则不需要专门的加湿措施。

4. 蔬菜品质检查 通风库贮藏除必须进行以上管理外,还要采取合理的品质检查措施。在贮藏初期,由于贮温较高,此时贮藏物腐烂较多,因此应经常检查腐烂情况,及时清除腐烂物;在贮藏中期,库温已保持在较低水平,腐烂现象相对发生较少,建议此时相应减少检查次数,避免影响库温和湿度的稳定;贮藏后期,由于库温逐步回升,腐烂也将加重,因此应加强对腐烂和品质变化情况的检查,以便及时确定贮藏期限。

三、低温贮藏

在我国北方农村,有传统的贮冰和冰窖贮藏新鲜蔬菜的经验。不过由于冰窖贮藏劳动强度大,且受地域、气候和水源的限制,应用范围日益缩小。20世纪80年代以来,机械冷藏设备和冷藏技术的发展及普及,机械冷藏已逐步取代冰窖贮藏。迄今为止,发达国家都将机械冷藏看作贮藏新鲜蔬菜产品的必要手段。

机械冷藏是指在一个适当建筑中(机械冷藏库),借助机械冷凝系统的作用,将库内的热空气传送到库外,使库内温度降低并保持一定湿度的贮藏方式。其优点是受外界环境影响较小,可以终年维持库内需要的低温,且库内温度、湿度及空气流量都可以控制调节,以适应蔬菜产品的贮藏。

(一)机械冷藏库的类型及其特点

机械冷藏库又简称冷库,目前主要有土建冷库和装备式两种。土建冷库的主体结构形式主要有2种:一种是钢筋混凝土无横梁结构。该结构形式主要用于大中型冷库,其主要特点是:因无横梁,库房空间可充分利用,载荷能力大。另一种是钢筋混凝土梁板式结构。该结构形式多用于小型冷库,其主要特点是:施工方便,技术简单;但由于板顶有横梁或次横梁通过,所以库容量要减少,且影响库内空气流通。装备式冷库是在墙及屋顶面采用金属夹心隔热板进行保温隔热。这种夹心板通常采用两块薄金属板,中间灌注聚氨酯泡沫塑料或聚苯乙烯泡沫塑料做成。其特点是:建库速度快,施工周期短;可是一旦停机后,库温回升快。

(二)机械冷藏库的使用管理

蔬菜产品在入库之前要对冷藏库进行清洁消毒处理外,还要重点做好以下工作。

1. 产品装载 蔬菜产品进入冷藏库之前要有产品预冷过程。因为蔬菜产品收获时具有较高的田间热,这种热量可能超过冷凝系统的负荷,若较长时间达不到贮藏低温,则会引起严重的腐烂败坏。因此,蔬菜产品入库前的预冷是一项很重要的措施。预冷的方法一般有水冷、冰接触冷却和真空冷却3种。

进入冷贮的产品应先用适当的容器包装,在库内按一定方式堆放,尽量避免散贮方式。为使库内空气流通,以利于降温和保证库内温度分布均匀,货物应离墙30厘米以上,与顶部约留80厘米的空间,而垛与垛之间应留适当空隙。

2. 温度管理 产品入库后应尽快达到贮藏低温,在贮藏期间应避免库内温度波动幅度较大。不同蔬菜产品的贮藏低温也不一样,黄瓜、四季豆、甜辣椒等蔬菜在0℃~7℃就会发生冷害。

3. 湿度管理 蔬菜产品贮藏的空气相对湿度要求在85%~95%,而冷藏库自身很难达到这一要求。因此,贮藏蔬菜产品时要经常检查库内湿度,并采用喷洒水雾的措施以达到对贮藏湿度的要求。

4. 通风换气管理 冷藏库必须要适度通风换气,保证库内温度均匀分布、降低库内积累的二氧化碳和乙烯等气体浓度,以达到贮藏保鲜的目的。

5. 制冷系统维护 为了保证良好的制冷效果,必须经常对制冷系统进行维护。其中对直接输冷式的蒸发器则要经常冲霜,否则会影响冷却效果。另外,还要保证制冷剂不泄漏。

第四章 蔬菜产品的贮藏方式

四、气调贮藏

气调贮藏简称 CA 贮藏,指在冷藏的基础上,把蔬菜产品放在特殊的密封库内,通过改变环境中的气体组成,来延缓衰老,减少损失的一种贮藏方法。

(一)可控气调贮藏

可控气调贮藏是利用机械设备人为地控制贮藏环境中的气体组成,是经济发达国家大量长期贮藏蔬菜产品的主要手段,因为能够有效地控制贮藏中的气体组成,所以使得蔬菜产品贮藏期延长、贮藏质量得到进一步提高。而不足的是所需设备条件高、贮藏成本也高,从而在一定程度上限制了它的广泛应用。

气调库在建筑结构和使用管理上有着完全不同于冷藏库的特点。首先,气调库不仅要求围护结构有良好的隔热性能,而且要求相当高的气密性能。其次,要求围护结构有较强的强度,因为气调库具有高气密性,在降温、调节的过程中,会使墙内外侧空气产生压差。若围护结构强度不够,就易出现围护结构胀裂或塌陷事故。最后在气调库使用管理时,要入库快,除留必要的通风检查通道外,尽量堆高装满,以让蔬菜产品尽快进入气调状态。当进入气调状态后,尽量避免频繁开门进出货,最好一次或短期内分批出完,这一点与冷藏库不同。

气调库在使用管理方面主要可分为 3 个阶段。一是入库准备阶段,此时要求全面检查库的气密性,制冷和调气系统。库内气温下降不能太快,以防瞬间造成较大负压,造成库体损坏,破坏气密性。另外,在入库前,最好对库体内进行全面的消毒处理。二是蔬菜产品入库准备,蔬菜产品入库前,要对其进行挑选、分级与包装。包装时由于库内湿度较大,最好用较硬的塑料周转箱或木箱包装,纸箱则易吸湿变软。有时还需要对蔬菜产品进行预冷处理。最后阶段为监控阶段,在入库后几周内,要随时注意库内温湿度、氧气与二氧化碳含量的变化,并维持这些指标在规定范围内。同时要注意防冷害、二氧化碳中毒、缺氧与霉变等。另外,在产品出库时,应先向库内输入新鲜空气,恢复库内正常条件后方可入库取货。

(二)自发性气调贮藏(MA 贮藏)

1. 塑料薄膜包装或封闭贮藏 塑料薄膜包装或封闭贮藏是利用塑料薄膜对水蒸气和气体的不同透性,包装或密封蔬菜产品,达到改变环境中的气体成分,控制水分过分蒸发散失,从而达到抑制呼吸、延缓衰老、延长贮藏期的贮藏方式。采用塑料薄膜进行包装不仅能够延缓蔬菜产品衰老,减轻和减缓某些生理病害,降低腐烂率,减少蔬菜产品的虫害,而且还可以防止机械损伤,大大提高其商品性。因为塑料薄膜的种类、密度、厚度不同,对气体和水蒸气的透性也不一样,即选择适宜的塑料薄膜就能够使贮藏环境达到适宜的气体组成和相对湿度,满足不同类型蔬菜产品的贮藏需要。塑料薄膜包装或密封贮藏通常与普通机械冷藏库或通风贮藏库贮藏方式相结合,还可在运输中应用,使用方便,成本低,贮藏效果也较好,是气调贮藏方法的一次革新。目前所用的塑料薄膜主要是无毒的、符合卫生标准的聚乙烯、聚氯乙烯和聚丙烯塑料,这些塑料透水性低、透气性高。

(1)大帐法 也有称垛封法,是将蔬菜产品堆垛的周围用薄膜封闭进行贮藏的方法。具体做法是:先在贮藏室地上垫上衬底薄膜,其上放上枕木,然后将蔬菜产品用容器包装后堆成垛,容器之间酌留通气空隙。码好的垛则用塑料薄膜帐罩住,帐子和垫底薄膜的四边互相重叠卷起并埋入垛四周的土中,或用土、砖等压紧。在生产中还常配合充氮抽氧,或充二氧化碳抽氧等实用技术,以使帐内加快形成适宜的气体组合。密封帐常用 0.1~0.2 毫米厚、机械强度高、透明、耐热、耐低温老化的聚乙烯

第四章 蔬菜产品的贮藏方式

或聚氯乙烯(PVC)塑料薄膜,每垛贮藏量一般为500～1 000千克,垛成长方形。无论在冷库还是常温贮藏场所,大帐法帐内常会有水珠凝结,解决措施是将蔬菜产品预冷,帐内产品之间留有适度通风空隙,并保持帐内温度恒定。另外,由于封闭薄膜透气性不是很好,贮藏时间过长时则有可能造成帐内氧气浓度过低,或二氧化碳浓度过高而影响贮藏效果。解决办法则通常是在帐内底部撒上消石灰以吸收过多的二氧化碳,或采用通风换气的办法来调节帐内气体组成。

(2)袋封法 袋封法是将产品装在塑料薄膜袋内(多数为0.02～0.08毫米厚的聚乙烯),扎紧袋口或热合密封的一种简易气调贮藏方法。在果蔬贮藏上应用较为普遍。袋的规格、容量不一,大的有20～30千克一袋,一般小于10千克一袋,而在柑橘等水果上更盛行单果包装。

2. 硅橡胶窗气调贮藏 硅橡胶窗气调贮藏是将蔬菜产品贮藏在镶有硅橡胶窗的聚乙烯薄膜袋内,利用硅橡胶膜特有的透气性能进行自动调节气体成分的一种简易气调贮藏方法。由于塑料薄膜越薄,透气性就越好,但也越容易破裂;若薄膜加厚,虽然提高了薄膜强度,但透气性降低。因此,塑料薄膜在使用上受到一定限制,而硅橡胶窗气调贮藏则弥补了这一缺陷。

硅橡胶薄膜的透气性比一般塑料大100～400倍,而且具有较大的二氧化碳和氧气的透气比,具体的透气比为:二氧化碳:氧气:氮气=1:6:8～12。因此,利用硅橡胶膜特有的透气性能,使密封袋(帐)中过量的二氧化碳通过硅窗透出去,蔬菜产品呼吸过程中所需的氧气可从硅窗中缓慢透入,这样就可保持适当的氧气和氮气浓度,创造有利的气调贮藏条件。

硅窗塑料袋大小可根据需要而定,但硅窗面积却是一个非常重要的条件,因为不同蔬菜产品有各自的贮藏气体组成及各自适宜的硅窗面积。硅窗面积具体决定于蔬菜产品的种类、成熟度、贮藏数量和贮藏温度等。关于硅窗面积的大小,法国学者根据果蔬的重量和呼吸强度,建立了如下经验公式:

$$\text{硅窗面积} = \frac{\text{蔬菜重量} \times \text{释放二氧化碳的量}(L/t/d)}{\text{硅橡胶二氧化碳的渗透系数} \times \text{预期二氧化碳的浓度}}$$

总之,应用硅橡胶窗进行气调贮藏,需要在贮藏温度、产品数量、膜的性质和厚度及硅窗面积等多方面进行综合选择,才能获得理想的效果。对于一般蔬菜而言,将氧气和二氧化碳的组成控制在 2%～3% 和 5%,有利于减缓果蔬的氧化过程,减少果胶和叶绿素等的分解,延长果蔬的贮藏寿命。

思 考 题

1. 蔬菜产品常用的贮藏方式有哪些?各有什么特点?
2. 通风库的使用管理要点有哪些?
3. 机械冷藏库的使用管理要点有哪些?
4. 气调贮藏有几种类型?

第五章 蔬菜产品的运输

一、运输环境对蔬菜品质的影响

随着人们对新鲜蔬菜需求的提高,我国城市蔬菜供应从就地供应为主、外地调节为辅的消费方式,迅速地转变为较多地依靠外地运输的消费方式,蔬菜的供应也从短距离调节变为长途运销。运输已成为蔬菜流通过程各个环节中不可或缺的一环,为了保持蔬菜的新鲜品质,对运输技术的要求也就提出更高要求,其结果又进一步推动了运输工具和运输系统的技术改革。运输中的环境条件、蔬菜的生理生化变化和保持蔬菜品质之间的关系十分密切。虽与贮藏时的情况类似,但因贮藏是静止状态的,而运输是运动状态的,而且运动状态的环境变化更快,对品质的影响也更大。

(一) 振 动

振动是蔬菜运输时应考虑的基本环境条件。由于振动造成蔬菜的机械损伤和生理伤害,会影响蔬菜的贮藏性能。因此,运输中必须避免和减少振动。

新鲜蔬菜的耐运性既与蔬菜内在因素如遗传性、栽培条件、成熟度、果实大小有关,又受运输条件的各种因素的综合影响。因此,不同类型的蔬菜对振动损伤的耐受力不同。一般新鲜蔬菜由于振动、滚动、跌落会产生外伤,使呼吸急剧上升,内含物消耗增加,风味下降。即使运输中未造成外伤的振动,也会使蔬菜的呼吸上升。因此,运输时必须尽量减少振动。

(二)温 度

温度是运输过程中的重要环境条件之一。采用低温流通措施对保持蔬菜的新鲜度和品质以及降低运输损耗是十分重要的(表5-1)。

表 5-1 新鲜蔬菜在低温运输中的推荐温度

蔬菜种类	冷链运输(℃)	
	运输 1~2 天	运输 2~3 天
石刁柏	0~5	0~2
花椰菜	0~8	0~4
甘 蓝	0~10	0~6
薹 菜	0~8	0~4
莴 苣	0~6	0~2
菠 菜	0~5	—
辣 椒	7~10	7~8
黄 瓜	10~15	10~13
菜 豆	5~8	—
食荚豌豆	0~5	—
南 瓜	0~5	—
番茄(未熟)	10~15	10~13
番茄(成熟)	4~8	
胡萝卜	0~8	0~5
洋 葱	—1~20	—1~13
马铃薯	5~10	5~20

注:根据国际制冷学会 1974 年修订规定

我国目前低温流通事业的发展还远不能满足新鲜蔬菜运输的需要,大部分蔬菜尚需在常温中运输。

第五章　蔬菜产品的运输

1. 常温运输　在常温运输中,不论何种运输工具,其货箱的温度和产品温度都要受外界气温的影响,特别是在盛夏或严冬时,这种影响更为突出。夏季可遮阳的卡车运送蔬菜,一般货垛上部温度最高,货垛上部或中部的货温与下部货温可有5℃以上的温差。雨天,则货垛下部的温度最高,但各部分的温差不大。运输途中,蔬菜温度一旦上升,以后即使外界气温下降了,蔬菜温度也不容易降下来。

采用铁路运输蔬菜,虽然也很受气温的影响,但由于货车的构造不同,其效果有着相当大的差别。冬季通风车较不通风车受气温影响大。

2. 低温运输　在低温运输中,温度控制不仅受冷藏车或冷藏箱的构造及冷却能力的影响,而且也与空气排出口的位置和冷气循环状况密切相关。一般空气排出口设在上部时,货物就会从上部开始冷却。如果堆垛不当,冷气循环不好,会影响下部货物冷却的速度。如改善了冷气循环状况,能使下部货物的冷却效果与上部货物趋于一致。冷藏船的船舱仓容一般较大,进货时间延长必然延迟货物的冷却速度和使仓内不同部位的温差增加。如以冷藏集装箱为装运单位,则可避免上述弊端。

(三) 湿　度

蔬菜新鲜度和品质保持需要较高的湿度条件,在运输中由于蔬菜本身的水分蒸腾强度、包装容器的材料种类、包装容器的大小、所用缓冲材料的种类等因素的差异,使蔬菜所处环境的湿度高低不同。新鲜蔬菜装入普通纸箱,在1天以内,箱内空气的相对湿度可达到95%～100%,运输中仍然会保持在这个水平。纸箱吸潮后抗压强度下降,有可能使蔬菜受伤。如采用隔水纸箱(纸板上涂以石蜡和石蜡树脂为主要成分的防水剂)或在纸箱中用聚乙烯薄膜铺垫,则可有效防止纸箱吸潮。如用比较干燥的木箱包装,由于木材吸湿，会使运输环境湿度下降。对于高湿运输，为防止发生霉烂及某些生理病害，应事先采取相应的预防措施。

(四)气体成分

除气调运输外，新鲜蔬菜因自身呼吸、容器材料性质以及运输工具的不同，容器内的气体成分也会有相应的改变，进而影响蔬菜的品质。

(五)包　装

1. 包装的作用　蔬菜的含水量很高，表皮保护组织却很差，在采收、贮藏和运输中很容易受到机械损伤和微生物侵害。另外，蔬菜采收后仍然是一个活体，有呼吸和蒸腾作用，会产生大量的呼吸热，使周围环境温度升高，使产品失水。因此，容易腐烂变质，丧失商品价值和食用价值。包装可以缓冲过高和过低环境温度对产品的不良影响，防止产品受到尘土和微生物的污染，减少病虫害蔓延和产品失水萎蔫。在贮藏、运输和销售过程中，包装可减少产品间的摩擦、碰撞和挤压造成的损伤，使产品在流通中保持良好的稳定性，提高商品率。

此外，包装也是一种贸易辅助手段，可为市场交易提供标准规格单位。包装的标准化有利于仓储工作的机械化操作，减轻劳动强度，合理的包装还有利于充分利用仓储空间。

2. 包装的种类　包装容器应专用，要求大小一致、整洁、干燥、牢固、美观、透气、无污染、无异味，内壁无尖突物、无虫蛀及霉变现象，纸箱无受潮离层现象。包装袋应采用无污染易降解的塑料袋。目前国内常用的运输包装种类有以下几种：

(1)板条箱　板条箱一般用于运输价格高、怕挤压的蔬菜产品，如番茄、黄瓜等。这种运输包装物坚固耐压，好搬运，堆码方便，空气流通好，可与冰水接触。但造价高，不易回收。

(2) 竹筐　竹筐的材料较坚固，不怕潮湿，不怕与水接触，价格不高。适于运输各种叶菜、甜椒、菜豆、花椰菜等。在利用竹筐运输时，筐内应加衬几层包装纸或牛皮纸，以免筐壁磨损蔬菜。

(3) 纸箱　纸箱是一种应用普遍的包装容器，重量轻，可折叠，弹性好，便于机械装卸，便于印刷，具有缓冲性，能较好地抵抗外来冲击力，保护产品。一般纸箱怕水、怕潮湿，不宜包装鲜嫩含水多的蔬菜。运输过程中怕雨淋、水浸，可在纸箱上采取防水措施。

(4) 麻袋、尼龙网袋　一些不太怕挤压的蔬菜如马铃薯、大蒜、圆葱等可用麻袋或尼龙袋包装运输。其价格低廉，来源方便，但包装后空气通透不良，易积热，易受挤压造成机械损伤。

(5) 塑料筐　塑料筐的强度高，耐挤压，空气流通好，是较理想的运输包装工具，但造价高。

(6) 商品包装　商品包装是蔬菜销售前的最后一次包装。一般分为2种：一是外部大包装，大包装是为了保护里面的商品，便于运输、装卸，要求坚固、耐压、可印刷、美观。我国蔬菜大包装多用纸箱、大塑料桶等。二是商品小包装，即商品直接进入国内外零售市场的包装材料，小包装要求尽可能使顾客看清内部蔬菜的情况，印刷精美，卫生无毒，有利于蔬菜商品的贮藏和保持质量。一般多用无毒塑料做成。

3. 包装的方法　蔬菜的包装，首先应该保护产品不受物理机械损伤，并能适应蔬菜新陈代谢的需要，防止产品发生各种形式的霉变败坏。最理想的包装形式是兼有销售包装的功能，在不搬动产品的情况下，直接可以在市场上展销。常见的包装方法如下：

(1) 拉伸网箱包装　当蔬菜装满箱后，将一边固定的塑料网向箱的另一边拉伸，使网目张开，并固定在箱的对边。依靠塑料网的回弹力将蔬菜缚紧，使之不松动，以此保证包装箱在搬运和运输过程中发生振动和碰撞时蔬菜不会受到冲击撞伤。这种包装的优点还在于，弹性的塑料网能够适应不规则形状的蔬菜，保持适宜湿度,可避免用塑料薄膜覆盖造成水蒸气蒸发起雾,影响薄膜的透明度。同时,由于塑料网的保护,顾客不能直接触摸移动产品,避免给产品造成污染。如果属于高水分的蔬菜,为防止箱底积水,可以衬垫吸水材料(纸板或泡沫塑料等微孔材料)。对于呼吸速度较快的蔬菜,为了避免箱底部的蔬菜缺乏氧气而造成厌氧霉变,可在箱的下部设几个孔。倘若箱子采用瓦楞纸箱,可在箱子内表面喷施杀菌剂,待箱板纸将杀菌剂吸收后,再将蔬菜装入箱内。这样可预防霉变,延长产品的贮存期。对于远途运输来说,箱子应具有防潮性能。瓦楞纸箱应选用防潮等级的箱板纸,以提高纸箱的抗湿强度。

如果蔬菜用竹藤箩筐包装,并采取拉伸塑料网封顶,由于箩筐的孔眼多,透气量大,容易引起蔬菜的脱水和微生物的感染。在这种情况下,先将产品装入聚乙烯或聚氯乙烯塑料薄膜(厚度0.01～0.1毫米)的袋子里,然后将袋子装入筐中。塑料袋具有适宜的透氧率,能防止产品水分的散失及外界细菌的侵入。此种包装方法适用于包装芹菜、莴苣等蔬菜。

(2)瓦楞板固定法　将块状蔬菜借收缩膜固定在一块瓦楞结构的板上,在瓦楞腔穴中填脱水石灰作为吸收剂。板的两个面有透气孔,便于水蒸气透过,并被脱水石灰所吸收。板的端面用胶带封闭。脱水石灰可吸收蔬菜所放出的二氧化碳,从而保护产品免受过量二氧化碳的危害。此外,在板的两面涂有一层水溶性营养层,其中包含糖类和其他微量元素,以便给蔬菜提供营养。瓦楞板可采用瓦楞纸板、瓦楞纤维板或塑料板制成,应具有足够的机械强度。包裹材料可采用透明的热收缩塑料薄膜,如聚乙烯,也可采用纸、纤维板或发泡塑料。从效果来看,收缩薄膜更为实用一些,因为透明的薄膜可以看清产品的面貌。

(3)塑料盒包装　塑料盒是用半刚性透明的聚苯乙烯、聚乙烯、聚丙烯或聚氯乙烯塑料片以热成型工艺方法制成的。塑料片

第五章 蔬菜产品的运输

材厚度为 0.3~0.7 毫米。盒盖与盒壁是一个整体,成为一个四方盒子。盒盖的底边比顶边大,顶盖有 10~20 个通气孔,孔径为 9.5~15.8 毫米。盒底板可采用半刚性塑料片材或涂蜡的防水纸板,厚度为 3.5~7 毫米,依产品的重量而定。盒底也和盒顶一样,打出一些通气孔,以利于通风。

这种塑料盒的结构特点是,能把盒顶所承受的压力,由盒壁转变为侧向压力,而且,由于底板边缘的限位片的限制,盒壁不会向外移位。这样,盒中的蔬菜不会由于受到垂直压力而移动,有效地防止在搬运和贮存时盒子受压而引起蔬菜的活动,造成相互摩擦或碰撞等机械损伤。此外,盒子的各个方向都是透明的,且能承受较大的堆码压力。这些优点对于蔬菜产品的陈列和展销是非常有利的。

(4)弹性塑料片防压包装 在果菜类蔬菜的包装箱中,衬垫带有凹形的弹性塑料片。每个凹穴中放 1 个番茄,每一层番茄上面垫一片弹性塑料片。各层塑料垫片的凹穴位置相互错开。当逐层放入番茄,弹性塑料片产生变形,自然地贴紧在番茄表面,从而增大了番茄受压的表面积,分散了番茄的受压应力,避免番茄表面上的应力集中而被压伤。塑料片可采用聚氯乙烯、聚苯乙烯、聚丙烯和聚乙烯等,以热成型工艺制成统一规格的垫片。塑料片材的厚度根据番茄的重量所要求的刚度而定。这样的包装适用于运输和贮存。

(5)泡沫塑料防振包装 此种包装用于怕压、怕振动的蔬菜。整体式的泡沫塑料膜塑品系由大块泡沫塑料分切成所需厚度的板材,然后冲压出许多凹穴,以便安放蔬菜产品。组合式包装箱箱内逐层垫瓦楞纸和泡沫塑料板,作为防振材料。泡沫塑料板的表层具有绒毛状的珍珠光泽,美观、耐水,而且缓冲性能很好,同时具有适宜的透氧率和泄气透过率,可适应蔬菜产品呼吸和新陈代谢的特殊要求。

总之，蔬菜的包装，应根据保护产品、移动方便和促进销售等功能的要求，因时因地制宜，包装的形式也可是多种多样的。块状和条状的蔬菜如黄瓜、茄子等采用聚氯乙烯或乙烯-醋酸乙烯共聚物的拉伸薄膜裹包；外表带刺的蔬菜可采用抗撕裂强度较高的并印有商标的聚氯乙烯收缩薄膜包装；胡萝卜、葱、姜等蔬菜可采用防潮热封型玻璃纸袋包装。有时一个袋子里可搭配几种不同的蔬菜，以适应顾客的要求。

（六）堆码与装卸

1. 堆码 新鲜蔬菜的装车方法正确与否，与货物运输质量的高低有非常重要的关系。蔬菜装车，首先必须从保证其质量的角度来考虑，在此基础上要尽量兼顾车辆载重和容积的充分利用。在冷藏运输时，必须使车内温度保持均匀，并使每件货物都可以接触到冷空气，以利于热交换的进行。在保温运输时，应使货堆中部与四周的温度比较适中，防止货堆中心积热不散而四周又可能产生冻害的现象。

新鲜蔬菜装卸时，各货件之间都必须留有适当的间隙，以使车内空气能顺利地流通。在堆码时，每件货物都不应直接接触车底板和车壁板，在货件与车底板和车壁板之间必须留有间隙。这样，通过车壁和底板进入车内的热量就可以被间隙中的空气吸收，而能较好地保持货物的热状态。在装载对低温敏感的蔬菜时，货件不能紧靠机械冷藏车的出风口或加冰冷藏车的冰箱挡板，以免导致低温伤害。必要时，可在上述部位的货件上面加盖草席或草袋，使低温空气不直接与货件接触。

新鲜蔬菜的装车方法属于留空隙的堆码方法，按其所留间隙的方式及程度不同，又可分为以下几种方法：

（1）品字形装车法 也称棋盘式装车法。此法适用于箱装货物，并在热季要求冷却或通风，或在寒季要求加温的货物。"品"字形就是把奇数层与偶数层货件交错骑缝装载,使之呈"品"字形状。品字形装车法只能在货车的纵向形成通风道,车内空气只能沿着车辆纵向循环,不能上下流通。适用于有强制循环装置的机械冷藏车,对于车内空气沿着横断面循环的冷藏车不宜采用此法。

(2)井字形装车法　此种装载方法灵活多样,各层货件纵横交错,可按车辆有效装载尺寸和包装规格,确定纵向或横向的放置件数。现以"二横三顺"的装载方式为例加以说明。原则是:货箱与侧板之间留空隙,端板之间靠紧,奇数层与奇数层,偶数层与偶数层的装法相同,奇数层与偶数层交叉堆放形成"井"字。此法的特点是,空气可在每个"井"字孔中上下流动,并可通过"井"字孔串入箱间的缝隙。同时,各层纵向的直缝内空气也能流通,装载也较牢靠,装载量也较大。

(3)筐口对装法　此种装车法主要用于竹筐、柳条筐等包装的蔬菜,由于这些筐本身及编造上的特点,装载时在货件之间能自然形成一定的间隙,便于空气流通,故不必留出专门的通风空隙。

此外,对于不加包装的甜瓜或娇嫩易腐烂的货物,如韭黄等可采用分层装载法,即在车内搭架子加隔板装载货物。对某些比较坚实的蔬菜类货物,如马铃薯、晚白菜、萝卜、南瓜、冬瓜、西瓜、胡萝卜等,可以堆装运输。堆高一般为1～1.5米,并应在菜垛中每隔一定距离插一个直径15厘米以上的大风筒。根据实践经验,芹菜和青蒜可以不加包装而堆装夹冰运输,即一层菜一层冰,冰重为菜重的30%～50%,采用冷藏车运输,质量较好。

2. 装卸　新鲜蔬菜流通过程中,装卸是必不可少的重要环节。新鲜蔬菜鲜嫩,含水量高,如装卸搬运中操作粗放、野蛮,就会导致商品机械损伤、腐烂,造成巨大的经济损失。我国的蔬菜装卸搬运多靠人力,劳动强度大,装卸不当,往往损失惨重。近年来,随着生产水平的提高,一些大型车站、码头已逐步向搬运装卸机械化发展,尤其是外销口岸普遍采用了传送带、叉车、电瓶车、起重吊车等设备,改善了搬运装卸的条件,但短途装运卸载和货物交接仍需人力。

二、蔬菜运输的基本要求

(一)快装快运

为减少新鲜蔬菜的水分蒸腾、自身营养物质降解和不适宜环境造成的损伤,要快装快运,缩短运输时间,迅速送达。

(二)轻装轻卸

轻装轻卸可大大减少蔬菜机械损伤和因机械损伤而导致的微生物侵染。实现装卸工作现代化,既可以减轻劳动强度,又可保证劳动质量和缩短装卸时间。

(三)防热防冻

新鲜蔬菜运输环境温度过高,可导致呼吸加强,促进衰老;温度过低容易遭受低温伤害。不同种类的蔬菜均有其贮藏运输适宜的温度界限,不论使用何种运输工具,都要尽量调节温度,使之达到或接近此温度界限,不然就不能长途调运。

三、蔬菜运输方式

蔬菜运输方式需根据蔬菜种类及品种的特征而定。一般选择有利于保护商品、运输效率高、成本低廉、受季节和环境变化影响小的运输方式。目前我国铁路、公路、水路、空运等各种运输方式均被广泛采用,达到优势互补,已逐渐形成较完整的运输网络。

第五章　蔬菜产品的运输

（一）铁路运输

铁路运输具有运载量大、成本低、受季节变化影响小、送达速度快、连续性强等优点。运输成本略高于水运干线，为汽车平均运输成本的 1/15～1/20。虽铁路短途运输成本高，中间环节多，灵活性、适应性差，但仍然是目前蔬菜运输的主要方式。适用于大宗蔬菜的中、长距离运输。

（二）公路运输

公路运输是我国最重要和最普通的短途运输方式。汽车运输虽具有成本较高、运输量小、耗能大、劳动生产率低、路面不平时产品易受损伤等缺点；但对不同的自然条件具有较强的灵活性和适应性，投资少，机动灵活，货物送达速度较快，无须换包装即可直接送达销地，减少了流通环节，加快了流通速度，甚至可实现"门对门"地运输，它广泛服务于地方与城市的物资交流，并为干线集散货物，还可深入到非铁路沿线的偏远城镇或工矿企业，这是其他运输方式所不能替代的。

公路运输应注意以下几点：

第一，用于长距离运输蔬菜的车辆，应以大型卡车为主，车况良好，车厢应为高帮，有顶篷，装车时不能用绳子勒捆、挤压，减少运输过程中蔬菜的机械损伤。

第二，各种蔬菜耐贮运的特性不同，装车运输数量、运输距离及时间各不相同。一般来讲，常温下运输蔬菜应在 1 000 千米以内，24 小时内到达销售网点为好。

第三，装车时要注意包装箱、筐、袋之间的空隙，一般不能散装。车厢内前部和两侧应留有通风口，不能盖得太严。坚持快装快运，到达销售网点后，及时卸菜整理销售。

目前，我国公路运输蔬菜限于冷藏车辆不足，多数采用"土保温"的方法,也就是使用普通高帮车加冰降温,加棉被或草苫(帘)保温的方法装运蔬菜。此外,也有部分蔬菜是采用加冰保温车和机械保温车运输的。

(三)水路运输

水路(包括内河和海上)运输具有成本低、较平稳、运载量大、耗能少、投资省、可不占或少占农田等优点,尤其是海运是成本最低的运输方式。在国外,海运价格只是铁路的 1/8,公路的 1/40。但水运受自然条件的限制,连续性差、速度慢、联运中要中转、装卸,也会增加货损。因此,只适用于近距离运输以及耐贮运蔬菜或蔬菜加工制品的远距离运输。

(四)航空运输

航空运输的速度快、保质性好、受损小,航空运输平均送达速度比铁路快 6~7 倍,比水运快 29 倍,可跨越各种天然障碍,但运输费用高、运量少、耗能大。空运特别适用于新鲜柔嫩、易受机械伤害而变质的高档次蔬菜,如石刁柏、鲜食用菌和结球生菜等,有时也为特需供应特运。

(五)集装箱运输

集装箱运输可实现整件吊装,不仅会极大地提高装卸效率,更重要的是便于不同运输方式之间的联运,大有发展前景。

综上所述,各种运输方式各具特点,各有长处。在新鲜蔬菜运输中,要充分发挥各种运输方式的长处,做到合理运输。即在将某种新鲜蔬菜从生产地到消费地的运输过程中,走最短的里程,用最快的时间,经最少的环节,以最少的消耗,选择最经济合理的运输路线和运输工具,以最低的运费,完成运输任务。

第五章　蔬菜产品的运输

四、蔬菜运输注意事项

第一，运输的蔬菜质量要好，包装要规范。

第二，扎把菜的菜体应排列整齐，根部平整，扎把松紧适度，平铺于包装容器内，每件（箱）的净含量一致，负偏差不得大于3%。

第三，每件包装应标明品名、产地、等级、重量（毛重、净含量）、生产单位、采摘日期及包装日期等。

第四，无公害蔬菜必须使用无公害蔬菜标志。

第五，装运时应做到轻装、轻卸，严防机械损伤，装运要迅速，避免挤压，堆码要稳固，不宜混装，运输工具要清洁、卫生、无污染。

第六，运输时要防冻、防雨淋、防晒，注意通风散热。严禁与有毒、有害、有异味物品同车贩运，最好预冷后用冷藏车运输。

第七，到达目的地后要迅速转入冷库或进入销售冷链或加工，贮藏场所应阴凉、通风、清洁、卫生，严防暴晒、雨淋、冻害及有害物质污染。必要时须摊开，库内堆码应保持一定的距离，保证通气流畅。

思 考 题

1. 运输的环境条件对蔬菜质量有什么影响？
2. 蔬菜产品运输的基本要求有哪些？
3. 各种蔬菜产品运输方式的优缺点是什么？
4. 蔬菜产品运输中应注意哪些问题？

第六章 蔬菜产品的贮藏病害及其防治

蔬菜在贮藏期间的损失是十分惊人的,据不完全统计,我国蔬菜采后每年损失占总产量的 20% 左右,这使生产者、经营者承担着巨大的经济风险,也让消费者承受价格上涨的负担。

蔬菜产品贮藏期间的腐烂,多数由病害造成,并且不只局限于贮藏期间和运输过程中,而是包括了收获、分级、包装、运输、贮藏、市场销售等许多环节,因此,贮藏期间病害也称为采后病害。

一、蔬菜产品贮藏病害的种类

蔬菜产品贮藏病害也称为贮运病害,一般是指在贮运过程中发病、传播、蔓延的病害,包括田间已被侵染,但尚无明显症状,在贮运期间发病或继续危害的病害。有些蔬菜的重要病害在田间危害很大,但在贮运过程中基本不再传播、扩展,严格说来,这些病害不在贮运病害之列,如白菜白斑病。蔬菜贮运病害与作物的田间病害一样,可分为两大类:一类是寄生物侵染引起的传染性病害,另一类为非生物因素造成的非传染性病害(生理病害)。

(一)传染性病害

1. 传染性病害的主要病原菌 见表 6-1,表 6-2。

2. 病原菌摄取营养的方式 病原菌侵入蔬菜后有多种摄取营养的方式。只能从寄主组织或细胞中吸收营养,而寄主不丧失生活力的称专性寄生;既可以从活体中也可以从死亡组织中或细胞中吸取营养的叫兼性寄生;只能从死亡的组织或细胞中吸取营养的称专性腐生。危害采后蔬菜的病原真菌和细菌以兼性寄生菌

第六章 蔬菜产品的贮藏病害及其防治

和腐生菌居多。

表 6-1 真菌类病原及其病害 （张子德，2002）

真菌病原	主要病害
腐霉、疫霉、霜霉（鞭毛菌亚门）	瓜类和菜豆荚腐病、瓜类和茄果类疫病
根霉、毛霉（接合菌亚门）	蔬菜的匍枝根霉
小丛壳、核盘菌（子囊菌亚门）	蔬菜炭疽病、褐色蒂腐病、菌核病、黑腐病
地霉（半知菌亚门）	番茄酸腐病
灰葡萄孢（半知菌亚门）	蔬菜灰霉病
红粉菌（半知菌亚门）	瓜果类蔬菜腐烂
链格孢（半知菌亚门）	白兰瓜及番茄黑斑病
炭疽病菌（半知菌亚门）	蔬菜炭疽病

表 6-2 细菌类病原及其病害 （张子德，2002）

细菌病原	主要病害
胡萝卜欧氏菌（欧氏杆菌）	大白菜、辣椒、胡萝卜等蔬菜软腐病
边缘假单胞杆菌	芹菜、莴苣、甘蓝腐败
枯草芽孢杆菌	番茄软腐病（30℃～40℃）
多黏芽孢杆菌	马铃薯、洋葱、黄瓜腐烂
梭状芽孢杆菌	马铃薯腐烂（低温）

3. 病原菌的入侵途径 病原菌侵入寄主的途径有直接侵入、自然孔口侵入和伤口侵入3种。

（1）直接侵入 病原菌直接穿透蔬菜器官的角质层或细胞壁的侵入方式叫直接侵入。病原菌中有一部分能够直接侵入。其典型过程是孢子萌发产生芽管，芽管顶端膨大形成附着器并分泌黏液，先把芽管固定在可侵染的寄主表面，然后再从附着器上产生纤细的侵入丝穿透被害体的角质层。此后，有的菌丝加粗后在细胞间蔓延,有的再穿透细胞壁而在细胞内蔓延,如炭疽病菌和灰霉病菌等。

(2)自然孔口侵入　寄主的自然孔口往往是多种病原菌的侵入门户,如气孔、皮孔、花器等,其中以气孔和皮孔最重要。真菌和细菌中相当一部分都能从自然孔口侵入。蔬菜锈病病菌的孢子从气孔侵入,马铃薯软腐病菌从皮孔侵入,十字花科蔬菜黑腐病菌从水孔侵入。

(3)伤口侵入　蔬菜表面的各种机械损伤都可能成为病原菌入侵途径,如收获时造成的伤口,采后处理、加工包装以至贮运装卸过程中的擦伤、碰伤、压伤、刺伤等机械伤,脱蒂、裂果、虫口等。这是蔬菜采后病害的重要侵入途径。青绿霉病、酸腐病、黑腐病真菌以及许多细菌性软腐病菌是从伤口侵入的。

4. 影响病原菌侵入的因素

(1)蔬菜的组织结构和生理状态　引起蔬菜采后病害的大部分病原菌属于兼性或腐生菌,寄生性较弱,多数只能从幼嫩的器官表面入侵,或者即使入侵了,也未能及时发病,只能潜伏下来,等到蔬菜将近成熟时,或者贮藏后期蔬菜抵抗力下降时才发病。

(2)湿度　湿度是影响病原菌侵入的主要环境因素。因为真菌孢子的萌发,细菌的繁殖,真菌游动,孢子和细菌的游动,都离不开水滴。一般地说,环境湿度高将削弱蔬菜抵抗入侵的能力,对病原菌入侵有利。因为在高湿条件下,蔬菜的保护组织膨胀,容易造成微小的机械伤,为病原菌入侵提供方便。

(3)温度　湿度能影响真菌孢子的萌发和侵入,而温度则影响孢子萌发和侵入的速度。各种真菌孢子都有其最高、最低及最适宜的萌发温度。在大田自然条件下,温度是难以控制的因素,然而在蔬菜采后的贮运过程中,温度却成为可以用来抑制病害的重要环境因素。

(4)气体成分　低氧和高二氧化碳浓度的气体环境对某些好

气性真菌如链格孢菌、镰刀菌、灰霉菌和根霉菌等的发育均有抑制作用。

(二)非传染性病害

1. 冷害和冻害 蔬菜都有一个能忍受的低温临界温度,在此温度以下就会发生低温伤害,即冷害。冷害表现内部组织崩解败坏,出现褐斑、黑心或烂心,外部色泽变暗,呈水浸状,稍下陷;或者不能正常成熟,成熟度差,香味减少,风味变劣。若温度低于冰点,进一步成为冻害,组织呈半透明,甚至结冰。

2. 营养失调 营养失调会使蔬菜在贮藏期间生理失去平衡而致病,例如,缺钙往往使细胞的膜结构削弱,抗衰老的能力变弱。钙含量低,氮钙比值大会使芹菜发生褐心病。缺硼往往会使糖的运转受阻,叶片中糖积累而茎中糖减少,分生组织变质退化,薄壁细胞变色、变大,细胞壁崩溃,维管束组织发育不全,果实发育受阻。

3. 二氧化碳中毒或低氧伤害 一般蔬菜气调贮藏要求氧气浓度不低于 $3\%\sim5\%$,热带、亚热带水果不低于 $5\%\sim9\%$。二氧化碳浓度不应超过 $2\%\sim5\%$,否则,会造成二氧化碳中毒,迫使蔬菜进行无氧呼吸,产生毒物如乙醇、乙醛等,使蔬菜组织变褐变坏。

4. 水分关系失常 新鲜蔬菜一般含有很高的水分,其细胞都有较强的持水力,可阻止水分渗透出细胞壁。但当水分的分布及变化关系失常,在田间时就出现病害,并在贮运期间继续发展。例如,马铃薯空心病往往由于雨水或灌溉过多,使块茎含水量激增,以致淀粉转化为糖,逐渐成为空心。

5. 高温热伤 蔬菜都有各自可承受的最高温度,超过最高温度,产品会出现热伤。细胞内的细胞器变形,细胞壁失去弹性,细胞迅速死亡,严重时蛋白质凝固,常表现产生凹陷或不凹陷的不规则形褐斑,内部全部或局部变褐、软化、淌水,也会被许多微生物继而侵入危害,发生严重腐烂。

6. 二氧化硫毒害 二氧化硫常用于贮藏库消毒或将其充满包装箱内的填纸板以防腐,但若处理不当,使二氧化硫浓度过大,或消毒后通风不彻底,容易引起蔬菜中毒。环境干燥时二氧化硫可通过产品的气孔进入细胞,干扰细胞质与叶绿素的生理作用。如环境潮湿,则形成亚硫酸,进一步氧化为硫酸,使果实灼伤,产生褐斑。

7. 乙烯毒害 蔬菜自身在成熟过程中会产生乙烯,即内部乙烯。但乙烯又是番茄等常用的催熟剂,如外源乙烯使用不当,或贮藏库环境控制不善,会使番茄过早衰变,表现果皮变暗变褐。

二、病害防治

(一)传染性病害的防治

1. 大白菜细菌软腐病 该病是世界性病害,不但田间危害严重,而且在贮藏期间可造成更大损失,有时甚至使全窖的菜腐烂。除危害大白菜等十字花科作物外,还危害马铃薯、番茄、黄瓜、莴苣等多种蔬菜。病原菌为欧氏杆菌属胡萝卜软腐欧文氏菌。

(1)症状 主要受害部位是叶柄和菜心。发病从伤口处开始,初期病部呈浸润半透明状,后期病部扩大,发展为明显的水渍状,表皮下陷,上有污白色细菌溢脓,病部组织除维管束外全部软腐,并具恶臭。

(2)发病规律 大白菜贮藏期腐烂的主要病原,是大白菜体内潜伏的软腐细菌。通过大白菜入窖时造成的伤口侵入,贮藏期间的冷害冻害,也是病原菌侵入的重要门户。

(3)防治 大白菜入窖前必须先除去病叶,并暴晒1天,使外叶萎蔫,减少细菌入侵可能。贮藏窖应事先用1∶40倍福尔马林等药剂消毒。如有条件,应调节窖内温度至 2℃～5℃。大窖最好有通风窗,以利于调节窖内温度,并在入窖 1～2 个月内,每隔 10～15 天翻菜 1 次,剔除病菜。

2. 花椰菜和青花菜黑斑病　该病主要在贮藏期间危害花球,使品质低劣,降低商品价值。病原菌为半知菌亚门丝孢纲链格孢属芸薹生链格孢。

(1) 症状　在花球上初为水渍状小黄点,后扩大并长出黑色霉状物,即病原菌的子实体。严重时一个花球上有数十个黑斑。感病组织腐烂,但腐烂速度较慢。贮藏期间有时病斑继而被灰葡萄孢第二次寄生而混生灰霉状物,加速腐烂进程。

(2) 发病规律　贮藏中花球的感染,主要是田间采收时,叶上的病菌沾染到花球上引起。侵染适温为 25℃～30℃,高湿度虽然可使花椰菜与青花菜减少水分丧失,但黑斑病发病明显增多。因此装入薄膜袋密封后,危害加重。

(3) 防治　做好田间防病,选择晴天采收,入库前摘掉有病的小叶片,进行预冷,贮藏温度控制在 0℃～1℃,一般可藏贮 6～8 周,并可延缓出库后花球在室温下发生黄衰。如以薄膜袋密封包装可在袋内加入 2 平方厘米浸过仲丁胺(约 0.08 毫升)的滤纸,一般可贮藏 50～60 天,或者加入适量饱和的高锰酸钾溶液,以吸收乙烯,效果更好。用打孔薄膜袋包装可比全封闭的薄膜袋包装减少发病。

3. 萝卜黑腐病　该病是甘蓝、花椰菜、萝卜、芜菁的常见病害,贮藏期中以萝卜受害较严重。病原菌为黄单胞杆菌属野油菜黄单胞菌甘蓝黑腐变种。

(1) 症状　成株叶片被害,多由叶缘和虫伤处开始,呈现"V"字形黄褐色病斑,叶脉变黑坏死,横切叶柄,维管束变黑,并可延伸到茎和肉质根。病块根的外部症状不明显,内部自心部发褐,逐渐向四周扩展,严重时,感病组织变黑干腐。

(2) 发病规律　该病为维管束病害，病菌通常从幼苗子叶叶缘的气孔、成株叶缘的水孔或虫咬的伤口侵入，也可从受伤的根部入侵。病斑表面的病菌借风雨传播，进入种荚后，潜伏在种皮内外，通常播种带病种子，发病早而严重。贮藏期间一般不继续传播。病萝卜绝大多数是田间病害轻而混入贮藏库，逐渐发展而腐烂。

(3) 防治　关键在于田间防病，选择无病地留种，或无病株上采种，或进行苗床消毒。种子在50℃温水中浸泡20分钟，立即移入冷水内冷却，晾干播种。或用链霉素100毫克/千克湿润处理。沟藏将萝卜埋在湿沙中，切忌下层积水而上层过于干燥。

4. 冬瓜疫病　该病是冬瓜贮藏期间的主要病害，主要由鞭毛菌亚门卵菌纲疫霉属的瓜疫霉引起。除危害冬瓜外还危害黄瓜、节瓜、白瓜、西瓜等。

(1) 症状　贮运中的病瓜为田间已感染而尚未发病的瓜。病斑出现后，初呈水渍状，圆形，暗绿色，稍凹陷，很快扩展，病部皱褶软腐，表面生长出白色稀疏的霉层。严重时大半个甚至整个瓜都腐烂掉，瓜面满布白霉。

(2) 发病规律　病菌以菌丝体、卵孢子及厚垣孢子随病残组织遗留在土壤中越冬，翌年孢子囊在水中萌发产生游动孢子，通过雨水、灌溉水传播到寄主上。贮藏期间的菌源来自田间堆贮的冬瓜。若贮运中湿度大，可不断接触传播，扩大蔓延。

(3) 防治　自幼株起喷施瑞毒霉、杀毒矾等药剂2～3次。对贮藏的冬瓜收获前喷1次25％瑞毒霉600倍液，尽量减少田间菌源。贮藏场所保持干燥、通风、清洁，搬运时小心轻放，避免损伤果实。

5. 番茄酸腐病　该病是导致番茄腐烂的一种发生较普遍的病害，由白地霉引起。在运输及销售中常危害番茄，造成一定损失。

(1) 症　状　在绿番茄上，常从果蒂边首先发病。病斑暗淡，油渍状,后污白色,病果后期暗白色,水渍状。散发出酸味,并在表皮破裂处产生白色厚粉状的病原菌。成熟或正成熟的果实上,受侵害的组织变软,果皮常爆裂,其上生长白色厚粉状的菌丝体和节孢子。腐烂发展迅速,细菌性软腐病往往随酸腐病后发生,更加速果实腐败,增加酸臭味。

(2)发病规律　贮运期间的初侵染源多来自田间黏附带菌土粒的果实。通常是在果蒂、果皮裂开处、虫伤处发病,冷害也是发病的诱因。

(3)防治　小心采收,避免机械损伤。包装时淘汰裂果。田间受过冷害的番茄不宜包装。采收后尽快预冷,将果温降低至12.7℃~15.6℃。采后用药剂防腐,多采用仲丁胺或克霉灵(含50%的仲丁胺)熏蒸。把沾有药液的棉花球或普通卫生纸置于薄膜袋内,再密封袋口,用药量一般按每1千克产品30毫克左右仲丁胺,或者每立方米(2/3空间充满产品)7克左右仲丁胺。

6. 番茄链格孢菌病

贮藏期间番茄果实由链格孢菌引起的病害有3种:早疫病、钉斑病、假黑斑病。分别由半知菌亚门丝孢纲的链格孢属的早疫病菌、钉斑病菌、假黑斑病菌引起。

(1)症　状

①早疫病:熟果上病斑褐色,淡褐色,近圆形至不规则形,有时略具同心轮纹,常从有"V"字形病痕的果蒂处发生,腐烂虽然深入果肉,使之变黑,但通常不严重腐败。

②钉斑病:熟果上病斑暗褐色,小,近圆形,稍下陷,边缘清楚,分散或整个合并,坏死部分深及种子。

③假黑斑病:多是番茄受炭疽病、脐腐病、日烧或生理裂果后第二次寄生的,使病部变褐,并扩大、凹陷,加快腐烂,继而在各类病斑上产生大量黑霉状物。

(2)发病规律　早疫病菌和钉斑病菌致病性较强,主要在寄主残体和种子上越冬,贮运期间发生是由田间带入的。假黑斑病菌近于腐生,无所不在。田间主要靠风雨传播,贮运期间亦可以进行一定的接触传播。早疫病在温度21℃～26℃时腐烂较快,但在低温下贮藏较长时间,甚至在2℃时病菌也能缓慢生长,并逐渐引起腐烂。钉斑病在24℃～26℃时发生较多。伤害、冷害可明显增加贮运期间链格孢菌病的发病率。

(3)防治　对质量较好的番茄果实进行适当处理,如在15.6℃～21.1℃下迅速催熟,可防治贮运中的早疫病,并减少钉斑病发生。防止冷害和延迟成熟,采收时防止裂果,在包装时发现灼伤、脐腐和裂果应予以剔除。

7. 甜椒灰霉病　该病是甜椒贮运期间最重要的病害,由半知菌亚门葡萄孢属灰葡萄孢引起。

(1)症状　果实上病斑水渍状,褐色,不规则形,大小不一。如发生在受冷害后的果实上,病斑灰白色。病斑上生灰色霉状物,即病原菌的子实体,发展极快,被害果实迅速腐烂。

(2)发病规律　病菌广泛存在于箩筐内、工具上,甚至贮藏场所的墙上都可存在。一旦病果混进健全果贮藏,发展极快,与冷害、冻害的关系尤其明显,只要果实有损伤,如在采收运输过程中遭受擦伤、压伤、冷害、冻害等,病原菌就可迅速侵入,使果实整箱整筐烂掉。低温高湿是贮运中引发该病的主要环境条件。所以,高湿下贮运,会加重此病发生。

(3)防治　最重要的是防止冷害。甜椒的临界温度稍低于番茄,通常为10℃～13℃。生长期间应用50％速克灵可湿性粉剂(腐霉剂)2 000倍液喷雾2次,间隔7～10天。一般不做采后防腐。

8. 甜椒细菌软腐病　细菌性软腐是甜椒贮运期间的常见病害,严重时造成较大损失,由欧氏杆菌属胡萝卜软腐细菌引起。

(1)症状　病斑常先发生于果梗附近,稍凹陷,暗绿色,水渍

第六章 蔬菜产品的贮藏病害及其防治

状,很快软化,扩展成大型水渍斑,颜色变淡,2~3天全果腐烂成一层皮,内部充满水液,无法捡起。

(2)发病规律 贮运中,细菌主要由果柄的剪口、裂口或昆虫爬动、取食造成的伤口进入果实。一旦侵入,迅速造成烂果。氮肥过多、果实含水量高、冷害等都可使本病加重。雨天采收或采收后以水洗果均能使发病增多。

(3)防治 田间注意防治虫害。贮库和盛器,包括箩筐、纸箱等必须彻底熏蒸灭虫。选择晴天采收,采收时避免损伤果实,采收后低温贮藏。

9. 茄疫病 该病包括晚疫病与绵疫病,分别由致疫霉和烟草疫霉寄生变种引起。田间发病,贮运中继续危害,目前尚无理想的防治方法。

(1)症状 主要危害茄科蔬菜果实。病果初呈水浸状圆斑,稍凹陷,迅速扩展至整个茄果,果肉变黑腐烂,往往扩展到果实的一半就落地。在天气较干燥时,病部生出稀疏的白霉状物(病原菌的子实体);天气潮湿时,生出茂密的白色绵状物(病原菌的菌丝体和孢子囊)。通常,绵疫病危害将要成熟的果实;晚疫病则对幼果至熟果均可危害。

(2)发病规律 病菌主要在土壤中的病残体上越冬,靠雨水、灌溉水传播,侵入无需伤口。贮运中可通过接触传病,并不断蔓延。贮运期间,温度高,湿度大,或者库温与果温相差大,造成茄果"发汗",使孢子囊有足够的水分萌发、侵染,造成严重烂果。

(3)防治 注意与非茄科蔬菜轮作,生长期间喷施25％瑞毒霉可湿性粉剂500倍液2~3次、40％乙磷铝可湿性粉剂250倍液3~4次,发现病果及时摘除。采收时严格挑选健果,贮温控制在10℃~13℃,保持通风低湿。气调贮藏时以氧2％~5％,二氧化碳5％为宜。

10. 马铃薯干腐病 该病是马铃薯贮藏期间最普遍的传染性

病害,由半知菌亚门丝孢纲内多种镰刀菌引起,其中最常见的是腐皮镰孢。通常马铃薯贮藏1个多月便会出现干腐。

(1)症状　被害块茎上病斑褐色,起初较小,逐渐缓慢扩展、凹陷并皱缩,有时病部出现同心轮纹,病斑下薯肉坏死,发褐发黑,严重者出现裂缝或空洞,裂缝间或空洞内都可以长出白色或粉红色的菌丝体和分生孢子,病斑外部还可以形成白色绒团状的分生孢子座。此时若窖内湿度大,极易被软腐细菌从干腐的病斑处侵入,迅速腐烂、淌水,甚至使整个块茎烂掉。

(2)发病规律　病菌主要存在于土壤内或者病薯上,可通过虫伤或机械伤侵入块茎,马铃薯收获后,病菌主要来自混进窖库的病薯、污染病土的健全块茎及箩筐等工具,经接触、昆虫等传播,不断扩大危害,一般到翌年早春播种期达到发病高峰。在湿度较高的情况下,15℃~20℃时干腐发展最快,0℃时仍可缓慢发展,通常70%的空气相对湿度可使病害减轻。

(3)防治　收获或贮藏期尽量避免一切机械损伤。入库前要精选种薯,剔除病薯、虫薯、伤薯。入库后,早期需要高湿度通风,以便伤口较快愈合。贮藏期间勤检查,发现病薯应及时剔除,减少传播。采后药剂处理成本较高,我国一般不用。

11. 马铃薯细菌软腐病　该病为贮藏期间最重要的细菌病害,由欧氏杆菌属胡萝卜软腐欧氏杆菌引起。

(1)症状　病菌如自块茎皮孔侵入,可形成褐色、稍凹陷、水浸状的圆斑;如自伤口侵入,病斑往往呈不规则形。病薯的病健界限较明显,腐烂组织可用水完全洗掉,往往扩展极快,后期发出恶臭,淌出黏液。

(2)发病规律　软腐细菌主要在土壤内越冬,自伤口侵入。块茎未充分成熟、有伤或其他病害、缺氧、温度较高均有利于软腐细菌侵染。采后水洗的马铃薯入窖库后容易腐烂。25℃~30℃,块茎腐败最快,低于10℃,腐败逐渐受阻。

第六章 蔬菜产品的贮藏病害及其防治

(3)防治 尽量避免机械伤,收获前土壤湿度不宜大,土温应低于20℃,块茎应充分成熟。收获后将马铃薯晾凉到10℃以下,贮藏温度控制在1.6℃～4.5℃,加强空气流通,避免块茎表面形成一层水膜。

12. 胡萝卜菌核病 该病是胡萝卜贮运期的一种严重病害,由子囊菌亚门核盘菌属核盘菌引起,尤以窖藏胡萝卜发病较重。

(1)症状 患病肉质根软腐,外部缠有大量白色絮状菌丝体和鼠粪状的初白色、后黑色的颗粒,即病原菌的菌核。

(2)发病规律 贮藏期间的烂根主要来自田间采收时附在健康块根上的带菌土粒、连在肉质根上的病茎叶,或者因感染轻微而混入窖库的肉质根。病菌在潮湿情况下,菌丝体生长茂盛,直接不断蔓延危害,故贮藏期间接触传病是本病造成严重烂窖的主要途径。高温常使病害迅速蔓延,对菌核病来说,贮藏期间的扩展蔓延比入窖(库)时的菌源影响更大。肉质根冻伤、擦伤是病害在窖库中大暴发的诱因。

(3)防治 加强田间防病,严格挑选健根入窖,或入窖前用水洗根,然后晾干。收获及贮运时小心,避免擦伤或冻伤。发病初期可用50%速克灵可湿性粉剂1500倍液喷雾。

13. 胡萝卜黑腐病 该病是贮藏期间较普遍的病害,但腐烂速度远比菌核病和(细菌)软腐病慢。病原菌为半知菌亚门丝孢纲链格孢属的根生链格孢,此菌还危害芹菜、欧芹、欧洲防风等伞形科植物。

(1)症状 主要危害肉质根,形成不规则或近圆形、稍凹陷的黑斑,上生黑色霉状物(病原菌的菌丝体和子实体)。腐烂深入内部5毫米左右,烂肉发黑,但一般不烂及中心部位,病组织稍坚硬,但如湿度大,也会呈现软腐。

(2)发病规律 病菌在土壤内、患病肉质根或病残茎叶上越冬。危害地下肉质根时,有无伤口均可侵入,但通常发展较慢,堆贮入窖内,逐渐发展为严重黑腐。病根上大量产生的分生孢子和菌丝体都可以继续接触传病。24℃~26℃最适于发病。贮运期间湿度大则腐烂严重。

(3)防治 收获、装运时避免损伤肉质根。选取健根入窖贮藏,或者先将病斑刮除。贮温宜控制在0℃~2℃。在陕西等地将叶片、麦糠、麦秸等简单覆盖在种植地上,可以使胡萝卜露地越冬,这种冬前不采收的天然贮藏方法被称为简覆盖贮藏法。由于肉质根不需要堆贮,减少了接触,则黑腐病发生减少。

14. 大蒜青霉病 该病是大蒜贮运中重要的病害,由半知菌亚门丝孢纲青霉属的产黄青霉引起。

(1)症状 被害蒜头外部出现淡黄色的病斑,在潮湿情况下,很快长出青蓝色的霉状物,即病原菌的子实体。贮存时间久,霉状物增厚,呈粉块状。严重时,病原菌侵入蒜瓣内部,组织发黄,松软,干腐。通常每个蒜头上1至数个蒜瓣干腐。

(2)发病规律 病菌广泛存在于土壤内、空气中,由各种伤口迅速进入蒜瓣组织。外部产生子实体后,贮运中继续接触传播。冷害与蒜蛆为害是青霉病发生的重要诱因。

(3)防治 大蒜大量贮藏时,宜先消毒贮藏场所。采收后,以50%多菌灵可湿性粉剂1 000毫克/升浓度药液浸泡0.5分钟,然后晾干贮藏。贮温控制在4℃~13℃。

15. 大蒜曲霉病 该病引起的烂蒜在我国大蒜贮运中发生较多,病原菌为半知菌亚门丝孢纲曲霉属黑曲霉真菌。

(1)症状 被害蒜头外观正常,无色泽变暗或腐烂迹象,但剥开蒜瓣,可见蒜皮内部充满黑粉,极似黑粉病的症状,最终整个蒜头干腐。

(2)发病规律 病菌在土壤、空气、工具及各种腐烂的植物残体上广泛存在,可随采收由蒜头顶部剪口或擦伤处侵入,贮运期间再侵染不明显。高湿度病菌分生孢子才能萌发,完全侵入。蒜头

第六章　蔬菜产品的贮藏病害及其防治

剪头过早,留梗过低的发生较多。而且贮运期越长,患病蒜头越多。白皮蒜比褐皮蒜、紫皮蒜易感病。

（3）防治　可参考大蒜青霉病的防治方法。剪蒜头时,将剪口浸一下40％灭菌威200倍液,有较好防治效果。

16. 蒜薹灰霉病　蒜薹冷藏中灰霉病发生较多,由半知菌亚门丝孢纲中葡萄孢属真菌引起。我国已报道有两种:灰葡萄孢和葱鳞葡萄孢。

（1）症状　蒜薹上初呈黄色水浸状、椭圆形至不规则的病斑,上生灰霉状子实体,逐渐向上下扩展,最终软化腐烂,以致蒜薹烂梢、烂基、断条。若用薄膜袋小包装,打开有强烈的霉味。

（2）发病规律　贮藏期间蒜薹灰霉病有部分可能来自田间,部分可能在贮库中本来就存在。一旦侵入,病菌在蒜薹上迅速产孢,并不断再侵染,造成较大损失。薄膜袋内湿度大,发病明显增加。贮温过低,使蒜薹发生冷害,或者贮温不适当地波动,以致薄膜袋内壁水气过多,湿度大,发病较多。

（3）防治　贮库及包装用具预先彻底消毒。采收后在0℃充分预冷,一般30厘米厚需24～36小时。采用薄膜小包装,每袋15～20千克,扎紧袋口后(0±0.5)℃冷藏。前期约15天,中期约10天,后期约7天分别打开扎口,放风换气。采用薄膜大帐,可以用消石灰或二氧化碳脱除机吸收帐内过量的二氧化碳,使之保持在氧气2％～5％,二氧化碳5％～10％,库温控制在(-0.5±0.5)℃。

（二）非传染性病害的防治

1. 大白菜非传染性病害

（1）干烧心病　此病田间发生,贮藏期间病情加重。患病大白菜外观无异常,内部自心部向外多层叶片发褐发苦,故名"烧心"。国外认为该病由钙缺乏引起,我国一般认为该病与秋旱、土壤pH

值过高、过量追施铵态氮、水质碱性等有关。这些因素造成土壤溶液浓度过大,严重阻碍了根系对钙的吸收。防治上采取单纯的心叶补钙只是应急措施,不能从根本上解决,应从综合防治着手:

①秋季干旱时应增加浇水量,尤其是追肥后要立即浇水。②多施农家肥,少施氮素化肥。③适当根外补钙,大白菜即将结球时,开始向心叶喷施0.7%氯化钙水溶液加150毫克/升浓度的萘乙酸溶液,每隔10天喷1次。

(2)脱帮　大白菜冬季贮藏2～3个月后,叶球外部的叶片会逐渐脱落,叶色变黄,若被微生物侵害会进一步腐烂。贮库温度变化大,温度低或通风不良时,也会引起大量外层叶片脱帮。采收前3～5天,以25～50毫克/升的2,4-D钠盐溶液喷施大白菜,以外部叶片几乎全湿为准,可防止"脱帮"发生。

2. 马铃薯非传染性病害

(1)冷害和冻害　在我国北方,马铃薯采收后,堆放在场院或入窖入库前遭受冻害、冷害的现象比较常见。通常温度低于$-1.7℃$,马铃薯便会发生冻害,块茎外部出现褐黑色的斑块,薯肉逐渐变成灰白色、灰褐色直至褐黑色。如局部受冻,受冻部分与健康组织界限分明。之后薯肉软化,呈水浸状,易被各种软腐细菌、镰刀菌侵害。受冷害的马铃薯往往外部无明显症状,内部薯肉发灰。这类块茎煮食时有甜味,颜色由灰转暗。冷害程度较重的可使韧皮层局部或全部变色。横剖块茎,切面有一圈或半圈韧皮部成黑褐色;严重的四周或中央的薯肉变褐色,如发生在中央,则易与生理性的黑心病混淆。因此,对于田间已经受霜冻、冷害的马铃薯不应入(库)贮藏,贮库温度宜保持在3.5℃～4.5℃,且库内应有足够的氧气供呼吸,保持适当通风。

(2)黑心病　该病是马铃薯运输中的常见病。被害薯块中央薯肉变黑,甚至蓝黑色,变色部分呈不规则形,与健康组织界限分明,虽然变色组织常发硬,但如置于室温下,便将变软。通常由马

第六章 蔬菜产品的贮藏病害及其防治

铃薯堆贮后,呼吸所需的氧气不足或二氧化碳中毒引起。因此,贮藏马铃薯时不能堆积过高,避免贮温过高(12℃以上)或者过低(0℃以下)。

3. 蒜薹非传染性病害

(1) **高温致病**　蒜薹贮温过高,呼吸强度大,促使体内营养由薹梗向薹苞转移,以致薹苞膨大,结出小蒜,薹梗纤维化,空心发糠,品质迅速下降。蒜薹贮藏温度以 $-1℃\sim0℃$ 较为适宜。最好采用低温结合气调贮藏。

(2) **二氧化碳毒害**　用薄膜袋包装蒜薹,后期袋内二氧化碳含量过高,往往发生中毒。表现薹梗出现黄色斑点,逐渐下陷,连接,组织坏死,水渍状腐烂,最终蒜薹断条,有时薹苞坏死,发出酒精味,伴有恶臭。严重者,整袋蒜薹烂掉,该病已成为蒜薹贮藏中的重要病害。因此,蒜薹气调贮藏时,一般二氧化碳不宜超过8%,应定时通风换气,否则二氧化碳超过13%就会中毒。

思 考 题

1. 蔬菜产品常见的贮藏病害是如何分类的?各自特点是什么?
2. 蔬菜产品贮藏的传染性病害的入侵方式有哪些?
3. 病原菌入侵蔬菜产品的影响因素有哪些?
4. 蔬菜产品贮运过程中常见传染性病害的发病规律是什么?如何防治?
5. 蔬菜产品贮运过程中常见非传染性病害的发病规律是什么?如何防治?

第七章　主要蔬菜产品贮藏

一、叶菜类及花菜类蔬菜的贮藏

(一)大白菜的贮藏

1. 贮藏性状　我国的大白菜种类有上百种,按照叶球形状,可将其分为抱头型、圆筒型和花心型3种。原产我国山东、河北一带,是我国特产之一,栽培历史悠久,是我国尤其北方秋、冬季供应的主要蔬菜。不同品种的大白菜的耐贮性和抗病性之间有一定的差异,一般抱头型、圆筒型较花心型的耐贮,中晚熟的品种比早熟品种耐贮,青帮类型比白帮类型耐贮,青白帮类型的耐贮性介于两者之间。栽培时在氮肥足够但不过量的基础上增施磷、钾肥能增进抗性,有利于贮藏。采收前要停止浇水,否则组织脆嫩、含水量高、新陈代谢旺盛,易造成机械损伤。

2. 采收及处理

(1)适时采收　收菜过早,气温与窖温均高,不利于贮藏,也影响产量;收获过迟易在田间受冻。收获的适宜时期,东北、内蒙古地区约在霜降前后,华北地区在立冬至小雪之间,江淮地区更晚。假植贮藏的大白菜,要求带根收获。其他方法贮藏的大白菜,可留3厘米的根砍倒,也可沿叶球底部砍倒或连根收获。采收应选择晴朗的天气,菜地干燥时进行,以七八成熟、包心不太坚实为宜,以减少或防止春后抽薹、叶球爆裂的现象发生。

(2)晾晒　收获后的白菜放在田间晾晒数天,使外叶失水变软,达到菜棵直立而不垂的程度。晒菜失重为毛菜的15%~

20%。这样既可减少机械损伤,增加细胞液浓度,提高抗寒能力,又能缩小体积,提高库容量。但晾晒也不宜过度,否则组织萎蔫会破坏正常的代谢功能,加强水解作用,从而降低大白菜的耐贮性、抗病性,并促进离层活动而脱帮。

(3)**整理与预贮** 经晾晒的大白菜运至菜窖旁,摘除黄帮烂叶,但不要清理过重,不黄不烂的叶片要尽量保留以保护叶球,同时进行分级挑选以便管理。经整理后如气温尚高,可在菜窖旁边码成长形或圆形垛进行预贮。预贮期间既要防热又要防冻。

3. 贮藏条件

(1)**温度** 大白菜性喜冷凉湿润,作为营养器官的叶球,是在冷凉湿润的条件下形成的。所以,大白菜要求低温贮藏条件,温度范围在(0 ± 1)℃为宜。

(2)**湿度** 大白菜贮藏过程中易失水萎蔫,因此要求较高的湿度,空气相对湿度为85%~90%。

(3)**气体成分** 大白菜气调贮藏的报道较少。据美国报道,大白菜在0℃、空气相对湿度为85%~90%、氧气浓度为1%的条件下贮藏5个月,叶片组织内维生素C损失减少,总糖含量高,且无低氧伤害症状。但当二氧化碳的浓度高于20%时,就会引起生理病害甚至腐烂而失去食用价值。

4. 贮藏方法 大白菜的贮藏适温为0℃,如采用机械冷藏当然可以取得良好的贮藏效果。但考虑到大白菜栽培和贮藏地主要在北方,而北方在秋、冬、春季气温较低,在常温贮藏场所,利用自然低温可得到大白菜贮藏要求的低温。所以,大白菜贮藏中,简易贮藏是主要的手段,简易贮藏主要有埋藏、窖藏、通风贮藏库贮藏等。近年来,也有在大型库房内采用机械冷藏的。

(1)**埋藏** 埋藏法又称沟藏法,沟藏法首先要选择地势平坦、干燥,地下水位低,排水良好,交通方便的地点,沿东西向挖沟,沟深依当地冻土层厚度及贮藏时间长短而定,覆土厚度在大连为

0.5米左右,沈阳为0.7米左右。入沟时间,大连地区以2～3片叶稍稍受冻时为宜,即小雪前后,而沈阳是立冬前后。北京地区一般沿南北向挖沟,沟宽1.5米,沟深0.25米,长度根据地形和贮藏量而定。挖出的土在沟四周做成土埂,埂厚约0.7米(以最冷时期不冻透为原则)。沟深与土埂高度相加,等于白菜的高度,入沟前先在沟底铺一层稻草或菜叶。然后,将晾晒过的白菜根朝下,一棵棵紧密地挤码在沟内,上面覆盖一层稻草或菜叶,再盖0.5～0.7米厚的土。

(2)窖藏　用地窖贮藏大白菜在我国已有悠久的历史,其方法简单,贮藏量大,贮藏时间也较长。窖藏要求选择地势高、地下水位低的地块,以免窖内积水造成腐烂。

白菜的采收期一般在霜降前后,白菜采后放在垄上晾1～2天,然后送到菜窖附近码在背风向阳处,码垛时菜根向下,一棵挨一棵排放在一起,四周用草或禾秸覆盖,以防低温受冻。预贮可增强抗寒能力,一般预贮20天左右。

菜窖的形式有多种,在南方,气温较高,菜窖多为地上式;在北方,气温较低,菜窖多采用地下式;而中原地区,多采用半地下式。窖藏白菜多采用架贮或筐贮。架贮是将已晾晒过的大白菜放置在贮藏架上,架高170厘米,宽130厘米,层高100厘米左右。贮藏架之间间隔130厘米左右,以方便检查和倒菜。大白菜摆放7～8层,贮菜距离上面的夹板应有20厘米的间隙。

入窖初期,外界气温和窖温都高,大白菜易腐烂和脱帮,如采用地面堆码贮藏,必须加强倒菜,以利于通风散热。如白天外界气温高,要把门窗通气孔关闭,防止高温侵入窖内。夜间打开通风设施引进冷凉空气,降低窖温。入窖中期,此时外界气温急剧下降,严寒的冬季来到,必须注意防冻,要关闭窖的门窗和通气孔,中午可适当通风。架式贮藏应在春节前倒菜1～2次,垛藏要倒菜2～3次。所谓倒菜是将下部的菜倒至上部,同时撕去烂叶,并剔除不

第七章 主要蔬菜产品贮藏

适宜再贮藏的菜。入窖后期(立春以后),此时气温和地温均升高,造成窖温和菜温升高,这时要延缓窖温的上升。因此,白天将窖封严,防止热空气侵入,晚上打开通风系统,尽量利用夜间低温来降低窖温。

(3)机械冷藏　大白菜先经过预处理,再装箱后堆码在冷藏库中,库温保持在(0±0.5)℃,空气相对湿度控制在85%~90%为宜,贮藏期间应定期检查。机械冷藏的优点是温湿度可精确控制,保藏期长,贮藏质量高,但设备投资大,成本高。

(二)菠菜的贮藏

1. 贮藏性状　菠菜属于藜科菠菜属植物,比较耐寒,适应性强,容易栽培,生长期短(从播种至收获一般为40~70天),含有丰富的维生素及钙、铁等营养元素。菠菜的品种类型主要分为有刺种和无刺种两大类。前者叶尖形,有较强的抗寒能力,适于冬播和贮藏;后者叶圆形,抗寒力较弱,适于春播,不耐藏;另一种为有刺种和无刺种的杂交种,具有两者的优点,既耐寒又耐藏。北方冬季主要的贮藏菠菜,以有刺种和杂交种为主。菠菜原产西南亚,其耐寒性强,能露地越冬,地上器官可忍受-9℃的低温。作为贮藏的菠菜应适当晚播。从东北到华北、西北地区,播种适期约从处暑前后开始直到白露。过早或过迟均对贮藏不利。

2. 采收及处理

(1)采收成熟度的确定　适时采收是菠菜贮藏成功的关键,收获过早,外界气温高,不能入沟贮藏,菠菜堆内发热,叶子变黄,增加腐烂损失;采收过晚,易使菠菜在田间受冻。一般在地面刚结冰又未冻实时,采收最好。

(2)采收方法　收后要摘除枯黄烂叶,就地捆把,然后放到风障北侧或其他阴凉地方预贮,稍加覆盖;也可直接入沟冻藏。

3. 贮藏条件

（1）温度　菠菜的贮藏适温为-6℃～0℃，在冻结状态下可以长期贮藏，解冻后仍能恢复原来的新鲜状态。

（2）湿度　菠菜贮藏适宜的空气相对湿度为90%～95%，当湿度过低时，菠菜中的水分便会大量散失，茎叶萎蔫变黄，质地变粗，失重率高，品质下降。

4. 贮藏方法

（1）冻藏　选择背阴干燥处，沿东西向设荫障，在荫障范围内挖一条或若干条沟，其规格随地区气候条件而异，在北京地区沟深多为15厘米左右，宽度依菠菜把的大小和摆放数量而定，厚度一般为30厘米左右，然后在沟底铺一层细沙，待气温稳定降至0℃以下，再将菠菜捆成把入沟，随即盖一层细沙，随着天气的变冷，分期覆土，其覆土厚度和次数因地区气候条件而定，北京地区多为2～3次覆土，总厚度为17～20厘米，在严寒季节可在上面再加盖草苫，以保证沟内温度为-6℃～-8℃，使叶片冻结，但根部不冻结。

（2）埋藏　大雪前将不抽薹的菠菜带根挖起，用稻草捆成0.5～1千克一把。在背阴高燥处挖深0.3米左右，宽0.7～1米的窄沟，将菠菜平放沟中，注意不要堆积和靠得太紧，土壤封冻前盖土15厘米左右，使菠菜在封冷时处于土壤冻结与不冻结边缘处。春节前将菠菜挖出，放在较暖和的屋中，待菠菜完全恢复后，则鲜嫩如初。

（三）芹菜的贮藏

1. 贮藏性状　芹菜属于伞形科旱芹属植物，原产于地中海沿岸，性喜冷凉湿润，耐寒性仅次于菠菜，适应性强，耐贮藏。芹菜可食部分主要是柔嫩的叶柄。芹菜有实心和空心两种类型，每种类型又有深色和浅色不同品种，一般实心深色品种抗病性强，贮藏性好。

2. 采收及处理

(1)采收成熟度的确定　贮藏的芹菜应早些播种,东北地区多在夏至到小暑,华北、西北地区多在小暑到大暑。芹菜耐寒性不如菠菜,所以收获应比菠菜早。东北地区在霜降前后,华北、西北地区在小雪前后。

(2)采收方法　收获芹菜要连根铲下,除假植贮藏连根带土外,其他贮藏方法带根宜短并清除泥土,挑选生长健壮、叶柄较嫩的单株,摘除黄叶,整理好并根据贮藏要求打成定量小捆。将整理成捆的芹菜置于阴凉处预贮散热,并用草席等物稍加覆盖以防日晒;夜间温度过低时,要增加覆盖物,以防冻害。

3. 贮藏条件

(1)温度　芹菜的贮藏适温为$-2℃\sim 0℃$,叶片可以忍耐$-3℃$的低温,但叶柄在此温度下易受冻害,且受冻后很难复原。

(2)湿度　芹菜适宜的空气相对湿度为$90\%\sim 95\%$,当湿度过低时,芹菜中的水分便会大量散失,茎叶萎蔫变黄,质地变粗,失重率高,品质下降。

(3)气体成分　芹菜贮藏的适宜气体成分为氧气5%、二氧化碳15%。

4. 贮藏方法

(1)假植贮藏　芹菜的假植贮藏方法各地不尽相同,冬季不很寒冷的地区多采用深沟假植法。一般沟宽与深均为$0.7\sim 1.5$米,长度不限,将修整好的芹菜假植于沟内。入藏的芹菜要选用实秆类型,如天津的白庙芹菜。入藏时一般将预处理的芹菜成捆假植于沟、棚和温室内,捆间留有一定空隙,以利于通风,此法贮藏量大。前期温度高,应加强通风以降温。后期主要是防冻,随温度下降夜间应逐渐盖严,白天适当通风,寒冷季节要加强防寒,以防芹菜受冻。

(2) 窖藏　选择地势高,背风向阳的地方挖东西向菜窖,一般长3.3米,宽1.3米,深度应超过所贮芹菜15厘米左右。刚入窖时,因气温较高,早晨可揭开草苫,夜间盖上。

(3) 塑料袋贮藏　将叶根鲜嫩、生长健壮、无病虫害的实心或半实心芹菜,带3厘米左右长的短根,经挑选整理后,捆成1~1.5千克的把,在冷库-2℃~2℃温度下预冷1~2天。然后采用根里叶外的装袋方法(塑料袋用0.08厘米厚的聚乙烯塑料薄膜制成,规格75厘米×100厘米)装袋,每袋装12.5千克,然后扎紧袋口,分层摆在冷库的菜架上,库温在0℃~2℃保持袋内氧气的含量不低于2%,二氧化碳不高于5%。如氧气过低或二氧化碳过高,可打开袋口通气后,再扎紧袋口。

二、甘蓝类蔬菜的贮藏

(一) 甘蓝的贮藏

1. 贮藏性状　甘蓝性喜冷凉湿润,其外叶坚韧,富有蜡质,叶片能忍受较低的温度,轻微的冻害(不冻心),在适宜的温度下经解冻,可慢慢缓过来,因此较易贮藏运输。

2. 采收及处理　甘蓝各叶腋所生的小叶球是顺序由下而上逐渐形成,成熟的小叶球包裹紧实,外观发亮。早熟种定植后90~110天开始采收,晚熟品种120~150天后采收。收获时要求将植株连根拔起,去掉根上的泥土,并保留部分外叶(结球较松的植株,进行假植贮藏时应尽量保留外叶),以保护叶球免受机械损伤。收获后要求晾晒3~4天,即可选择冷凉的天气入窖贮藏。

3. 贮藏条件　低温是甘蓝贮藏的必要条件,其贮藏适温为-1℃~0℃,空气相对湿度98%~100%,可保存4~5个月。

第七章 主要蔬菜产品贮藏

4. 贮藏方法

(1) 堆藏 在室内阴凉通风处,将菜根着地堆成长方形,高70~80厘米,宽50~60厘米。也可散堆,但每堆数量不宜过大,一般以250千克为宜。每个菜堆中间放数个条箱或箩筐,以加强通风,防止热量积累而引起腐烂。也可用条箱或篓作容器贮藏。

(2) 通风库贮藏 选择包心结实的叶球,把根削平,适当留些外叶,将菜装入筐内。入库时适当堆码,保证透气,并留检查走道。库温一般保持在0℃~1℃。

(3) 沟藏 选择地势高,排水通畅的地方,挖1.5~2米宽的沟,沟的深度一般以能堆放2层为宜。将菜下层根向下,上层根向上放好,然后覆土,覆土厚度约20厘米。对那些结球尚不紧实的甘蓝,上面覆盖秸秆,以后再根据外温变化逐步覆土或盖秸秆,以防冻害。还可以连根拔起,保留外叶,将其根朝下排紧码实,假植在沟内,土干时还可少浇些水,适当覆盖防冻,在贮藏中叶球将会进一步充实增重。埋藏时,注意不要封埋过早,以免伤热造成腐烂。

(4) 窖藏 由于甘蓝耐寒性较白菜强,入窖时间可略晚于白菜,在窖内可以堆码贮、架贮和筐装堆贮。码垛可码成三角形垛、长方形垛,最好是架贮,每层架上可摆放2~3层,架贮利于通风散热。筐装堆码也利于通风。

(5) 冷库贮藏 甘蓝适宜冷藏,尤其是春甘蓝必须冷藏。将收获后经过散热预冷并经修整的甘蓝装筐或装箱,在库里堆码,堆码时注意留有空隙,以利于通风排热。控制库温在-1℃~0℃,空气相对湿度90%~95%即可。在冷库内甘蓝也可以利用菜架摆放几层,上面覆盖塑料薄膜保湿,避免干耗。在装筐(箱)贮藏时,可以在充分预冷的基础上用约0.02毫米厚的薄膜包菜,或单棵菜装薄膜袋,这样可以减少干耗。

(6) 气调贮藏 甘蓝可以利用塑料薄膜扣帐,进行气调贮藏。

在 0℃～1℃下,调节内部空气成分,使氧气在 2%～3%,二氧化碳 2%～5%,可延长贮藏期,并降低损耗。该方法成本较高。

(二)花椰菜的贮藏

1. 贮藏性状　花椰菜又名菜花、花菜,是十字花科芸薹属甘蓝类蔬菜。原产地中海及英、法滨海地区。我国已引种多年,为我国南部地区秋、冬季主栽蔬菜之一。花椰菜以花球供食,是一种营养价值较高的蔬菜。在贮藏期间,外叶中积贮的养分向花球转移而使之继续长大充实。因此,可将尚未长成的小菜花连根带叶收获进行假植贮藏,或贮于普通窖内,在贮藏的同时,又有提高质量增进品质的效果。不同品种及不同产地的花椰菜耐贮性之间有较大的差异,如"瑞士雪球"比"丹京"耐贮,天津产的比北京产的耐贮。

2. 采收及处理

(1)采收成熟度的确定　从出现花球到采收的天数,不同品种和气候条件下有一定的差异。早熟品种在气温比较高时,花球形成快,20天左右便可采收。中晚熟品种,在晚秋和冬季,需 1 个月左右。而晚熟品种在春季自出现花球至采收需 20 天以上。

花椰菜花球的形成在植株个体间也很不一致,应分批采收。采收时要注意选择花球硕大、花枝紧密、花蕾致密、边缘尚未散开的菜花。

(2)采收　用于假植的菜花,须连根带叶采收。采用其他方法贮藏的菜花,应保留 3～4 片叶包被花球,以减少在运输过程中产生机械损伤。

3. 贮藏条件

(1)温度　花球适宜的贮藏温度为 0℃～1℃,温度高于 8℃时花球易变暗、变黄、出现褐斑,甚至腐烂;而温度低于 0℃时则易发生冷害。

(2)湿度 花椰菜贮藏适宜的空气相对湿度为90%～95%。

(3)气体成分 低氧和高二氧化碳对抑制花椰菜的呼吸作用及延缓衰老有显著的作用。花球对二氧化碳有较强的耐受力。据报道,花椰菜贮藏的适宜气体成分为氧气2%～5%、二氧化碳5%左右。另外,贮藏库内放置乙烯吸收剂可延缓花球衰老变色。

4. 贮藏方法

(1)假植贮藏 山西太原等地用假植贮藏小花菜,方法是在大暑至立秋定植,立秋后气温冷凉,花球形成慢,到立冬前后只长成一定大小。用稻草等物扎缚包住花球,小雪前将具有幼小花球的植株紧挨着假植在沟内。沟宽1米,深0.7～1米,贮藏初期要防止温度太高。因此,白天盖上草席防止日晒,晚上揭开草席利用夜间低温来降温,使温度保持在2℃～3℃。后期注意防冻,根据气温的变化适当覆盖。

(2)气调贮藏 将处理好的花椰菜装好箱,每箱装量以不压伤为宜,并码好垛,罩上塑料大帐。采用自然降氧或人工降氧,控制氧气的浓度为2%～5%、二氧化碳的浓度为5%左右。贮藏前用50毫克/升的2,4-D或苄基腺嘌呤(6-BA)液浸蘸花球根部,有助于防止外叶黄化和脱落。入库时向花球喷洒3 000毫克/升苯来特或甲基托布津溶液,可减轻其腐烂。

(3)冷藏 采收后的花椰菜要尽快放到阴凉通风处或冷库中预冷,去掉携带的田间热。将预冷后的花椰菜按等级、规格、产地、批次分别码入冷库间,距蒸发器至少1米。一般花椰菜装箱(筐)冷藏时,花球应朝上;箱(筐)码放时,以不伤害下层花椰菜的花球为宜。单花球套袋冷藏时,应将单个花球装入0.015毫米厚聚乙烯塑料袋(规格30～35厘米×35～40厘米)中,扎口放入箱(筐)内,码放时要求花球朝下,以免袋内产生的凝结水滴在花球上造成霉烂。冷藏温度应保持在(0±0.5)℃,库内空气相对湿度为90%～95%。在上述条件下,根据花椰菜品种和产地不同,一般冷藏方法,冷藏期限为 3～5 周;单花球套袋冷藏方法,冷藏期限为6～8 周。

三、果菜类蔬菜的贮藏

(一)番茄的贮藏

番茄,又称西红柿、洋柿子、番柿、毛椒角等,属茄科番茄属植物,是一种营养丰富、色泽鲜美的果菜类蔬菜。露地大面积栽培的番茄采收集中,番茄上市正值夏季高温高湿季节,容易造成较大的采后损耗,但高峰期过后,番茄产量又锐减。所以,番茄贮藏主要是将 7 月旺季生产的番茄贮藏起来,到淡季时陆续供应市场;另外,是将晚秋露地栽培及塑料大棚的产品,如天气寒冷,在植株上来不及成熟,可将已发育良好的番茄贮藏,使其在贮藏期间逐渐成熟起来,可以起到初冬调节蔬菜花色品种的作用。番茄果实皮薄多汁,属浆果类蔬菜,不易贮藏,研究番茄的贮藏保鲜方法,可减少腐烂,延长其贮藏期及保持其品质。

1. 贮藏性状 番茄属呼吸跃变型果实,成熟时有明显的呼吸高峰及乙烯高峰,同时对外源乙烯反应也很敏感。

番茄贮藏前必须首先注意不同品种的耐贮性,选择能耐贮的品种。贮藏时应选择种子腔小、皮厚、子室小、种子数量小、果皮和肉质紧密、干物质含量和含糖量高、含酸量高的较耐贮藏品种。一般来说,黄色品种最耐藏,红色品种次之,粉红色品种最不耐藏。此外,早熟的番茄不耐贮藏,中晚熟的番茄较耐贮藏。适宜贮藏的番茄品种有满丝、橘黄佳辰、苹果青、农大 23、大黄一号、厚皮小红、日本大粉、台湾红等。

2. 采收及处理

(1)采收成熟度的确定 番茄成熟时会发生叶绿素降解与类

胡萝卜素形成、呼吸强度增加、乙烯产生、果实软化等一系列变化。成熟度常根据果皮颜色来判断,按其色泽的变化,番茄成熟度可分为绿熟期、微熟期(转熟期至顶红期)、半熟期、坚熟期(成熟期)、完熟期和过熟期几个阶段(表7-1)。

表 7-1　番茄果实成熟指标　(邓伯勋,2002)

成熟指标	成熟度	外观状态
0	绿熟期	果顶部发白,但未全部转白
1	微熟期Ⅰ	果顶部开始着色,着色程度在3%以下
2	微熟期Ⅱ	果顶部着色程度4%~10%
3	微熟期Ⅲ	果顶部着色程度11%~30%
4	半熟期Ⅰ	果顶部的橙红色向果腹部扩展,着色31%~50%
5	半熟期Ⅱ	果顶部的橙红色向果腹部扩展,着色51%~70%
6	坚熟期Ⅰ	果实特有的红色进一步扩大,着色71%~85%
7	坚熟期Ⅱ	果实特有的红色进一步扩大,着色86%~98%
8	完熟期	肉质坚硬、完全着色
9	过熟期Ⅰ	红色不深,已全面着色,肉质稍软
10	过熟期Ⅱ	果实红色变深,肉质软化

注:绿熟期:果顶部绿色变淡而形成白绿色,还没有完全着色
　　微熟期:果顶部的着色程度达3%~30%
　　半熟期:着色进一步发展,果顶部的橙红色扩展到果腹部,着色程度达31%~70%
　　成熟期:特有红色扩展到整个果实,果实的肩部只少许绿色
　　完熟期:整个果实充分着色,果实还比较坚硬
　　过熟期:果实红色变深,肉质软化

贮藏和长途运输的番茄应在绿熟期采收,此时番茄已完成生长过程,体内物质亦已积累完毕,果实组织还较硬,耐贮藏及运输。

(2)采收方法　番茄为浆果,果皮较薄,采收时应十分小心。番茄的成熟为分批成熟,所以国内外一般采用手工采摘。番茄成

熟时产生离层,采摘时用手托着果实底部,轻轻扭转即可采下。人工采摘的番茄适宜贮运鲜销。发达国家用于加工的番茄多用机械采收,但果实受伤严重,不适于长期贮藏。

3. 贮藏条件

(1)温度 红熟的番茄贮藏适温为 0℃～2℃,但绿熟番茄贮藏适温为 10℃～12℃,低于 8℃会造成低温伤害,冷害果不能转红或着色不均匀,果面出现凹陷、腐烂。

(2)湿度 番茄贮藏适宜的空气相对湿度为 85%～95%。湿度过高,病菌易侵染造成腐烂;湿度过低,水分易蒸发,同时还会加重低温伤害。

(3)气体成分 在 10℃～13℃温度条件下,绿熟番茄气调指标是氧气和二氧化碳均为 2%～5%,可抑制后熟,延长贮藏期。当氧气过低或二氧化碳浓度过高时会产生生理性伤害。

4. 贮藏方法

(1)常温贮藏 在夏秋季节,利用土窖、防空洞、地下室、通风贮藏室等阴凉场所,保持较低的温度。许多地方还采用架藏,即将番茄置于架上,一般用木料或竹子搭架,层高 40 厘米,宽度 70～80 厘米,每层架上可码 4～5 层番茄。架存的优点是贮藏中后熟变化及腐烂情况容易观察,也便于及时处理,损耗较少,但成本较高。

(2)冷藏 将番茄挑选后放入适宜的容器内预冷,待温度与库温相同时进行贮藏。为了保持稳定的贮藏温度和相对空气湿度,贮藏库内须安装通风装置,使空气流通,适时更换新鲜空气。在贮藏期间必须进行定期检查,出库之前应根据其成熟度和商品类型进行分类和划分等级。

(3)气调贮藏 目前国内外对番茄的气调贮藏进行了大量的研究,并且取得了很大的成功。采用较多的为简易气调贮藏,包括简易自发气调和充氮快速降氧气调。如塑料薄膜大帐贮藏,塑料薄膜为聚乙烯薄膜,厚度为 0.04 毫米。将绿熟番茄先装入消过毒

第七章　主要蔬菜产品贮藏

的塑料筐或箱中,再将塑料筐或箱放在塑料大帐内,每个塑料大帐可贮藏500~2000千克番茄。为防止大帐内二氧化碳浓度过高,可在大帐底部放一些生石灰,这种方法在通风贮藏库使用,可贮藏45天左右。另外,塑料大帐薄膜充氮降氧贮藏时,通过塑料薄膜的两段通气口抽出空气,同时充入氮气,使大帐内的氧气迅速下降至2%~5%。再通入少量氯气(按每千克番茄通入100毫升计算)防腐,每隔2周检查1次,然后重新密封和补充氮气,使大帐内氧气降到要求的浓度,这样可贮藏40~50天。

(二)辣椒的贮藏

辣椒又名番椒、辣茄,我国南北都有栽培,其营养丰富,深受广大消费者的欢迎。

1. 贮藏性状　辣椒多以鲜嫩的青色辣椒贮藏,所以在贮藏时除防止萎蔫和腐烂外,还要防止后熟变红。辣椒的品种很多,普通栽培品种可分为樱桃椒、圆锥椒、簇生椒、长形椒、灯笼椒。辣椒多以青椒贮藏,用于贮藏的品种主要是甜椒和柿子椒,一般认为茄门椒、四道筋等甜椒较耐贮藏,但也有些柿子椒,如吉林3号也较耐贮藏。

2. 采收及处理

(1)采收成熟度的确定　青椒的收获期会影响其耐贮性,成熟度过低,果实发育不充实,收获时外界气温较高,不耐贮,霜后采收易腐烂。采收适期应在霜前,利用塑料大棚或其他保护栽培设施者,采收期可延至立冬到小雪,贮至春节供应市场。贮藏时应选皮色浓绿、果皮坚实而有光泽的青椒贮藏。

(2)采收方法　采收时常连果梗摘下,如带果柄,最好垫上松软的东西。注意不要造成机械损伤。要注意选择肉厚、色深、无病虫害的辣椒贮藏。如采收时气温较高,可先在阴凉处短期预贮后,再进行正式贮藏。

3. 贮藏条件

(1) 温度　青椒贮藏适温一般认为是 7℃～9℃，温度过低会遭受冷害。

(2) 湿度　青椒贮藏的适宜空气相对湿度为 85%～95%。

(3) 气体成分　气调贮藏时氧气的浓度宜控制在 3%～6%，二氧化碳的浓度应控制在 5% 的范围内。适当的低氧和高二氧化碳可以抑制青椒中乙烯的产生，从而抑制青椒的后熟作用。对青椒贮藏最适宜的气体成分，研究结果不尽相同，这可能与品种、栽培和采收时间有关。

4. 贮藏方法

(1) 沟藏　沟藏法是我国各地尤其是北方地区广泛采用的简易贮藏法。一般在露地挖沟，深 1 米、宽 1 米，长度视贮藏量而定。在沟底铺沙，青椒散堆（厚 50～66 厘米）或装筐后贮于沟中，上面盖上草席或湿沙。注意采收后可不经预贮直接入沟，如果散装，在沟底铺 10 厘米左右沙子或高粱秸，上面铺 33～47 厘米厚的青椒，青椒上面撒一层湿沙。如装筐，筐内需垫有湿蒲包等物，每筐装 20～25 千克青椒，盖上筐盖或覆一层湿蒲包。

(2) 窖藏　窖藏即将青椒贮于窖内，具体方式有堆贮、筐贮、架贮。通常用半地下窖或菜窖贮藏青椒，贮藏前先将窖消毒，在窖内地面上铺一层 3 厘米厚的湿沙，将青椒码放在沙上，一般 4～5 层，并在青椒的四周和顶层围上草席以保持湿度。有用蒲包垫筐贮藏青椒，先用水浸湿蒲包，再用 0.5% 的漂白粉溶液消毒，沥去滴水，装入青椒，堆码成垛。每隔 7～10 天检查 1 次，同时更换蒲包，贮藏效果较好。青椒入窖后应尽快使温度保持在 5℃～10℃，空气相对湿度保持在 80%～90%；同时，要注意防止青椒过度失水，前期采取夜间通风降温，达到适温后则要注意保温防寒。

(3) 气调贮藏　我国普遍采用自发气调贮藏法，青椒在夏季常温库内用薄膜封闭贮藏，因温度较高，损耗较大。但在秋后窖温

10℃左右,薄膜封闭贮藏效果较好。选择耐贮品种,贮前用1%的漂白粉溶液和2,4-D溶液浸果,晾干后装入纸箱(纸箱先用1%甲醛溶液消毒),再套上0.1毫米的聚乙烯塑料袋,扎紧袋口。也可采用快速降氧法,即人工抽出袋内部分的氧气,补充氮气使袋内保持氧气浓度为5%～7%,二氧化碳浓度控制为5%以下。用此法贮藏青椒,好果率约94.3%。

四、瓜类蔬菜的贮藏

(一)黄瓜的贮藏

黄瓜又名胡瓜、青瓜,属于葫芦科甜瓜属1年生植物,以幼嫩果实供食。我国各地普遍栽培,幼嫩黄瓜质地脆嫩,清香可口,营养丰富,深受人们喜爱。

1. 贮藏性状 不同品种的黄瓜耐贮性有明显的差异,瓜皮较厚,颜色深绿,果肉厚,表皮刺少的黄瓜较耐贮藏。表皮刺多的黄瓜,容易碰伤,瓜刺容易碰掉,造成机械伤口引起微生物感染,导致腐烂。较耐贮藏的黄瓜品种有津研1号、2号、4号和7号,白涛冬黄瓜、漳州早黄瓜等。北京小刺瓜和长春密刺,瓜条小,皮薄,刺多,不耐贮藏。除了考虑耐贮性外,还要考虑风味品质和营养,如津研2号比1号耐贮藏,品质好,维生素C含量也较高,产量也要高一些。

2. 采收及处理

(1)采收成熟度的确定 黄瓜以幼嫩果实供食,随着成熟度提高,品质逐渐下降。春播黄瓜一般在谢花后8～10天采收。同一品种,幼嫩瓜贮藏效果最佳,成熟度高容易衰老变黄,失去商品性。贮藏用的黄瓜应该比立即上市的稍嫩一些采摘,但过嫩时含水量高,可溶性固形物少,也不耐贮藏,容易腐烂。应选择成熟度适中、丰满健康的绿色瓜条贮藏。秋季用作贮藏的黄瓜,播种期应该比一般秋黄瓜晚一些,这样,采收时气温较低,便于利用低温进行贮藏。但是采收也不能过晚,否则气温过低,会使黄瓜受冷害,采摘时要求瓜条碧绿,顶花带刺,生长在植株中部的"腰瓜",瓜条直、接近地面的"根瓜",瓜身常弯曲,瓜条与地面接触,易带病菌,不能用于贮藏。瓜秧顶部的黄瓜,品质也不好,不宜贮藏。采摘宜在清晨进行,最好用剪刀带柄剪下。

(2)采收方法 黄瓜宜在晴天早晨采收,一般用手摘,摘瓜时留1~2厘米长的瓜柄。贮藏的黄瓜应认真挑选,剔除发育不良的黄瓜如尖头瓜、大肚瓜以及过老、过嫩、病虫和机械伤的黄瓜。挑选的黄瓜要整齐地排放在浅条箱中,并留出10厘米顶隙,防止挤压碰伤。

3. 贮藏条件

(1)温度 黄瓜的贮藏适温为10℃~13℃,低于10℃,可能出现冷害;高于13℃代谢旺盛,加快后熟,品质变劣,甚至腐烂。

(2)湿度 黄瓜含水量高,蒸发量大。因此,黄瓜需高湿贮藏,空气相对湿度宜高于90%,如低于85%会出现失水萎蔫、变形、变糠等问题。

(3)气体成分 黄瓜对气体成分较为敏感,贮藏的适宜氧气和二氧化碳浓度均为2%~5%,当二氧化碳的浓度高于10%时,会引起高二氧化碳伤害,瓜皮出现不规则的褐斑。乙烯的存在会加速黄瓜的后熟和衰老,贮藏过程中要及时消除,可在贮藏库里放置浸有饱和高锰酸钾溶液的蛭石或碎砖头。

4. 贮藏方法

(1)缸藏 缸藏法在我国北方如天津、大连等地区应用较多。贮藏的品种主要为晚秋品种,如大黑刺瓜、津研1号和北京大刺等。

用作贮藏的黄瓜播种期比一般秋黄瓜要晚些,这样,黄瓜收获

第七章 主要蔬菜产品贮藏

时,气温已呈明显的下降趋势。北方广大地区用来贮藏的黄瓜,一般于8月下旬直接播种于露地,10月上旬霜降前,在黄瓜未受霜冻前收获贮藏。贮藏黄瓜采收时间,最好在清晨进行,趁凉采收入缸。采收时要特别小心,一手捏着果柄,一手用剪刀剪下,尤其注意不要碰伤瓜刺。要挑选瓜条整齐,成熟适中,无病虫害和机械伤的,直接入缸并一次装满。黄瓜缸藏的具体做法是:将缸刷洗干净,再盛入10~20厘米深的清水,在离水面高7~10厘米处,放置一个"十"字或"井"字形的木板架,其上再放置一个用秫秸编成的圆形萆子,或直接用带孔的薄木板。黄瓜入缸有几种不同的摆法,一种是将黄瓜沿着缸壁转圈平放,瓜柄朝外,瓜头向里,如此一直向上摆叠,距缸口10~13厘米处为止。这样,缸的中间就形成一个空洞,可使缸中温度分布均匀。另一种摆法将黄瓜纵横交错逐层排列,直到接近缸口为止,还有将黄瓜每摆若干层后,另加隔板,可以减轻黄瓜各层的压力。黄瓜摆完后,立即用牛皮纸盖住缸口。缸要放在阴凉处,待天气转凉后,为避免缸水结冰,应将缸埋入地下一半;天气再冷,可用草袋围上或埋土。此种方法可使黄瓜贮藏到12月下旬,贮藏期达2个月以上。

(2)窖藏 窖藏分为土窖和水窖贮藏。水窖贮藏一般选择地下水位高的地方,挖一东西方向的坑,长6~10米,宽0.5米,深2米。黄瓜入窖时,先在贮藏架上铺层草席,四周再围上草席,以免黄瓜和窖壁接触碰伤。在黄瓜入窖后的初期,白天窖门与天窗要紧闭,主要利用夜间低温进行适当的通风来降低窖温。天冷后,可拆除遮荫风障,在白天通风。窖温控制在5℃~10℃。黄瓜在贮藏期间不必倒动,但要经常检查。如发现瓜尖变黄发蔫时,应及时挑出以免变质腐烂。

(3)气调贮藏 黄瓜采下后,装在规格为40厘米×50厘米的塑料袋中,袋的厚度为0.08毫米,每袋装2.5~3千克。然后将袋装入筐中,堆垛起来。贮藏温度为3℃,气体成分控制为氧气

3%～5%，二氧化碳为8%～10%。北京一些单位采用气调贮藏法，贮藏温度为10℃～13℃，空气相对湿度为85%以上，通过快速降氧，使氧气和二氧化碳控制在2%～5%。封闭垛内放入瓜重1/20～1/40的浸有饱和高锰酸钾溶液的砖头，用以吸收乙烯，延缓后熟过程。还可充氯气消毒，每2～3天处理1次，采用以上综合措施，黄瓜可贮藏45～60天，好瓜率达85%左右。

(二)冬瓜的贮藏

冬瓜品种很多，是比较耐贮藏的蔬菜。我国冬瓜的产量较高，每年秋收高峰时期，因与各类蔬菜同期上市，价格猛跌。农户若能利用自家现有条件进行冬瓜的延期贮藏保鲜，既可延长冬瓜的销售供应期，又可大大增加经济效益。

1. 贮藏性状 冬瓜的含水量较高，嫩瓜及过分成熟的瓜都不宜贮藏。适宜贮藏的冬瓜标准是皮厚、肉厚、质地致密、品质较好，表面青皮发亮，布满蜡质，晚熟大型品种。

2. 采收及处理

(1)采收成熟度的确定 选择适宜品种且充分成熟的冬瓜采收，冬瓜一般在九成熟时采摘，达到成熟度的冬瓜耐贮，而嫩冬瓜不耐贮藏。采收前7～10天，生长田应停止浇水。

(2)采收方法 采摘应选择在早上气温较低、瓜体凉爽时。为防止损伤和病菌入侵，宜用剪刀剪藤，留下3厘米左右长的蒂柄。雨后因瓜体水分含量过高，不宜采摘。搬运时应轻拿轻放，严防擦伤、碰伤，严防抛落、滚动(振动过大，会造成冬瓜内部损伤)，给入库贮藏造成较大隐患。

3. 贮藏条件 冬瓜贮藏适宜温度为10℃～20℃，适宜的空气相对湿度为85%左右。

4. 贮藏方法 贮藏方法主要有室内地面堆藏和架藏两种。如果管理得当，贮藏期可达4个多月。

贮藏窖库的大小由所贮冬瓜的数量决定,农家自备窖库多为30平方米左右,能贮5 000千克的冬瓜。建造多为半地下方式,窖室高约3.5米,地表上下各1.8米,四周设窖库窗,前后左右对开,便于通风换气。这种结构的窖库具有恒温性高、凉爽、通风简便、干湿度易控制等优点。冬瓜入库前2~3天应对窖库全面进行消毒灭菌处理,可用高锰酸钾烟雾密闭熏蒸窖库以后,再将冬瓜入库。

选择经严格挑选、大小一致、无破损的成熟冬瓜于库内堆贮或架贮。堆贮的冬瓜应先在库底垫上干草或草帘,然后在上面摆放冬瓜,一般不超过3层,以免压伤损坏。架贮冬瓜因通风较好,贮藏效果相应比堆贮要好,架贮冬瓜时也应在贮架上先铺垫干草等柔软的材料,然后再将冬瓜摆上去。在摆放过程中,瓜的堆放地面先铺上一层麦秸或稻草,再堆瓜2~3层。瓜的摆法一般要求和田间生长时的状态相同,原来卧地生长的要平放,原来是搭棚生长的要蒂柄向上直立放。每堆之间要留有空道,以便于通风散热。因为瓜瓤已适应其重力作用方向,贮藏时保持原有的重力方向,瓜瓤不易产生裂伤,贮藏时间可更长一些。冬瓜属冷敏性蔬菜,喜温耐热,不耐低温,低于10℃就会发生冻害。贮藏冬瓜的适宜温度为10℃~15℃,空气相对湿度为70%~75%。因此,贮藏期间,特别是冬瓜刚入库时,应注意加强通风,在中午气温较高时,一定要打开库窗进行通风换气,既有利于散热降温,又可排除湿气,降低环境湿度,保持库内干燥状态。天气变冷,室内温度过低时,要在瓜堆上覆盖麦秸或稻草,以利于防寒保温。经常检查瓜堆,如发现有霉烂瓜,要及时挑出,以免感染好瓜。

五、葱蒜类蔬菜的贮藏

(一)大蒜的贮藏

大蒜属石蒜科多年生宿根草本植物,其以肥大的鳞片供食,成熟时，外部鳞片逐渐干枯成膜，能防止内部水分蒸发、隔绝水分渗入和病菌侵入，有利于贮藏。大蒜有明显的生理休眠，休眠期为2~3个月。

1. 贮藏性状 我国大蒜品种很多，以鳞茎外皮色泽可分为白皮蒜与紫皮蒜；以蒜瓣大小可分为大瓣种和小瓣种。一般白皮蒜耐寒性较紫皮蒜稍强。大瓣种每个蒜头4~8瓣，多的也有10余瓣，蒜瓣个体大，外皮易脱落，味香辛辣，蒜头和蒜薹的产量较高，黑龙江省的阿城紫皮大蒜、辽宁省的开原紫皮蒜、山东省的苍山白皮蒜、陕西省的蔡家坡红皮蒜、河北省的安国洋白蒜、上海市的嘉定白蒜、江西省的上高紫皮蒜、广东省的金山火蒜等都属于大瓣种的有名品种。小瓣种蒜瓣细长而小，每个蒜头10余瓣，多者达30余瓣，外皮薄，不易剥除，辣味较淡，不宜用于蒜头和蒜薹栽培，可作蒜苗和蒜黄栽培。用于贮藏的大蒜多选用大瓣种中的耐贮性强的品种。

2. 采收 大蒜一般不能等到地上部分叶子全部枯黄后才采收，而是在蒜薹收获后20~30天采收。到采薹后20天左右时，叶片枯萎，假茎松软，鳞茎达到成熟阶段，即到蒜头收获适期。过早收获的大蒜，不仅减产也不耐贮，过晚收获，蒜头容易干裂而炸瓣，小芽容易萌动，同时叶鞘干枯不宜编辫，蒜皮变黑，品质降低，也不利于贮藏。蒜头收获宜选晴天进行。采收后宜阳光暴晒，促使蒜头迅速干燥而进入休眠期。也可采用30℃高温和空气相对湿度50%以下的低湿条件进行人工干燥。

3. 贮藏条件 大蒜鳞茎成熟时，因为叶鞘基部所积累的营养物质内移到鳞芽，所以外层叶鞘逐渐干缩呈膜状。这些干膜能够防止大蒜内部水分蒸发，隔绝外界水分进入，使其安全进入生理休眠期。蒜头生理休眠期通常有2~3个月。在此期间，一般不会萌芽及生根。生理休眠期结束以后，蒜头的贮藏主要是保持休眠抑制萌芽、生根和腐烂。

(1)温度 大蒜适宜贮藏温度为 $-3℃\sim-1℃$,高于 $5℃$ 时易发芽,高于 $10℃$ 时易腐烂,低于 $-7℃$ 时则易受冻。种用大蒜则要求高温贮藏,贮温在 $15℃$ 以上时,有利于提高大蒜的种性,但 $28℃$ 以上容易发生干腐病。

(2)湿度 食用大蒜贮藏时,空气相对湿度应低于 85%,种用大蒜应低于 70%。

4. 贮藏方法 多在编辫后悬挂于通风库或屋檐下,采用该法,鳞茎不易腐烂,质量好,且简便易行。蒜头收获后,首先在 $30℃$ 以上的高温干燥条件下晾晒,促使其迅速干燥进入休眠。晾晒时避免雨淋和防止阳光直接暴晒蒜头,因为蒜头遭受暴晒后,蒜瓣不但容易收缩,外层发黏,而且蒜味变淡,品质变差,不能长期贮存。而经雨淋的蒜头容易腐烂变质。

晾晒后的蒜头经过编辫或扎捆后放入贮藏库内码垛或悬挂,注意通风,使其经常处于干燥环境中。生理休眠期将要结束以前,控制库温 $-3℃\sim-2℃$,空气相对湿度 70%~75%,防止受热、受潮、受冻。

大蒜贮至春节容易发芽,可结合以下方法贮藏:一是药物处理贮藏法。用 1‰青鲜素水溶液在收获蒜头前 1 周喷洒茎、叶,可贮至翌年4月份仍不发芽、不腐烂。这是因为青鲜素可以通过新鲜的叶片,向下运转到鳞茎包裹的芽组织中,破坏生长点的组织,使其不能发芽。二是辐照贮藏法。有试验表明,7 月份用 84~168Gy 剂量的 ^{60}Coγ-射线照射的蒜头,到 12 月初检查,经照射的不分瓣、不出芽,色泽风味正常,而未照射的已有 1/3 出芽;翌年 5 月初再检查时,照射过的蒜头仍未出芽,好蒜率达 70%~80%,而未照射的早已全部成为空皮,失去商品价值和食用价值。

(二)洋葱的贮藏

洋葱又名圆葱、玉葱、球葱、团葱等,属石蒜科 2 年生蔬菜,食用部分是其鳞茎。

1. 贮藏性状 洋葱具有明显的休眠期,食用部分为其肥大的鳞茎。洋葱收获后,外层鳞片干缩成薄膜皮,能阻止水分进入内部,具有耐热耐干的特性。洋葱在夏季收获后,即进入休眠期,呼吸减弱,即使条件适宜,鳞茎也不萌芽。洋葱的休眠期一般为1.5~2.5个月,品种之间存在差异。洋葱按颜色一般可分为黄皮种、红皮种和白皮种3类。黄皮种一般为中熟或晚熟。鳞茎中等大小,外皮黄色,肉质细嫩柔软,味甜而稍带辣味,水分较少,品质佳,耐贮藏。这类洋葱按其鳞茎的形状又可分为扁平种和球形种。红皮种多为晚熟种,产量较高。白皮种多为早熟种,肉质柔嫩,但产量低,容易抽薹,不耐贮藏。

2. 采收及处理

(1)采收成熟度的确定 用于贮藏的洋葱,应充分成熟,组织紧密。一般在第一、第二片叶枯黄,第三、第四片叶变黄,地上部分开始倒伏,外部鳞片变干时收获。收获过早的洋葱产量低,组织松软,含水量高,贮藏期间容易腐烂萌芽。采收过迟的洋葱地上假茎容易脱落,还易裂球,不利于编挂贮藏;同时,可能遇到梅雨,不易晾干,容易腐烂。收获前10天不宜灌水,否则,鳞茎中含水量高,不耐贮藏。

(2)采收方法 采收时将洋葱连根拔起,选择干燥不易积水和向阳的地方,将洋葱摊开晾晒,不宜暴晒。

3. 贮藏条件

(1)温度 洋葱刚采收时,需要高温低湿处理,使洋葱组织内的水分蒸发,鳞茎干燥,避免温湿度过高造成病变和腐烂。洋葱的贮藏适温为0℃~3℃,这样可延长其休眠期,降低呼吸作用,抑制发芽和病菌的发生。但如温度低于-3℃时,会产生冻害。有资料介绍适当的高温(35℃~40℃),会抑制洋葱的萌芽。

(2)湿度 洋葱适应冷凉干燥的环境。湿度过高会造成大量腐烂,一般要求空气相对湿度以65%~70%为宜。

(3)气体成分 适当的低氧和高二氧化碳环境,可延长洋葱的休眠期及抑制发芽。据报道,采用氧气3%～6%、二氧化碳8%～12%的气体浓度,对洋葱抑芽有明显的效果。

(4)其他 洋葱收获前10～15天,每公顷用750千克0.25%的青鲜素溶液喷洒,可抑制发芽。另外,采后用3000～4000毫克/升的比久溶液喷洒对抑制萌芽有一定的作用。采用辐照处理也可抑制发芽,其辐照剂量为25～126Gy。

4. 贮藏方法

(1)简易贮藏 洋葱简易贮藏方法有多种,如挂藏、垛藏、窖藏等。将晾晒挑选过的洋葱编成辫,每辫40～60头,约1米长,将葱辫挂在阴凉、干燥、通风的房屋或荫棚下,此法抑芽效果较差,休眠期后便陆续萌芽,但通风较好时腐烂少。垛藏选择地势高、土质干燥排水好的场地,先铺枕木,上铺秸秆,秆上放葱辫,码成垛,垛长5～6米、宽1.5米、高1.5米,每垛5000千克左右。采用该法,要严密封垛,防止日晒雨淋,保持干燥。封垛初期可视天气情况,倒垛1～2次,排除堆内湿热空气。每逢雨后要仔细检查,如有漏水要及时晾晒。当气温下降后要加盖草帘保温,以防受冻。

(2)冷藏 将经过充分晾晒、严格挑选的洋葱装筐后贮藏在冷库中,控制库温为0℃～3℃,空气相对湿度低于80%。这种方法可长期贮藏,但湿度过高时,鳞茎会长出少量不定根,并出现一定腐烂。因此,需注意湿度的控制。

(3)气调贮藏 洋葱可采用简易自发气调贮藏,也可采用气调冷藏。如采用塑料薄膜大帐贮藏,每垛可贮藏1000～10000千克,一般在洋葱生理休眠结束前封闭,采用自然降氧,维持氧气3%～6%,二氧化碳8%～12%,贮藏期间尽可能不开帐检查,或在重新封闭后充氮降氧,否则会破坏低氧环境而使洋葱迅速长芽。

(三)蒜薹的贮藏

1. 贮藏性状 蒜薹,又称蒜毫,是大蒜的花茎。大蒜可分为抽薹和不抽薹大蒜2种。蒜薹是抽薹大蒜经春化后在鳞茎中央形成的花薹和花序。花茎一般长60~70厘米。蒜薹味道鲜美、质地脆嫩,全国各地都有栽培,收获期一般为4~7月份,由于气温逐步升高,若不及时处理,蒜薹极易失水、老化和腐烂。薹苞即膨大或开散,老化的蒜薹因叶绿素的减少而黄化,因营养物质的大量消耗、转移而变糠和纤维化,失去食用品质。

2. 采收及处理 一般来说,生长健壮、无病害、皮厚、干物质含量高,表面蜡质较厚,薹梗色绿,基部黄白色短的蒜薹较耐贮藏。蒜薹的收获期可以总苞下部变白,蒜薹顶部开始弯曲为标志。蒜薹收获期应在晴天。采收的方法有2种:第一种是用长约20厘米的勾刀,在离地面10~13厘米处剖开假茎,抽出蒜薹此法产量高,但划薹形成的机械伤容易引起霉菌侵染,不耐贮藏。第二种是待蒜薹抽出叶鞘3~6厘米时,直接抽枝。此法造成的机械伤少,但产量低。无论采用哪一种方法都必须缩短采摘、运输时间,才能取得理想的效果。

3. 贮藏条件
(1)温度 常温条件下,蒜薹极易老化,一般只能贮藏10~20天,而在0℃下可贮藏1年,因此温度是最主要的因素,但温度也不能过低,尤其蒜薹的冰点随贮藏时间的延长而逐步降低,根据这一特点,蒜薹前期贮藏温度以0℃为宜;后期则可偏低一些,以-0.1℃为宜。应该注意当蒜薹长期贮藏在-1.5℃时,会发生冻结,而造成冻害。

(2)湿度 蒜薹贮藏的适宜空气相对湿度为85%~95%。较高的湿度对蒜薹保鲜也很重要。一般来说,只有保持贮藏蒜薹适当的含水量,才能保持其正常的呼吸作用和鲜嫩度,当气调贮藏时由于环境湿度较大,一般失水较少,但要注意温度不能波动过大,否则会造成结露现象,容易引起腐烂。

(3) 气体成分　蒜薹在贮藏期间,氧气的浓度控制在 2%~4%,二氧化碳的浓度控制在 6%~8% 时较适宜。在贮藏中还发现,在一定范围内,氧气的含量越低,二氧化碳和氧的比值越大,抑制衰老的效果越好。因此,采用充二氧化碳的方法对抑制蒜薹的后熟也有一定的作用。另据牛哲宏(1989)报道,不同产地的蒜薹对二氧化碳的忍受能力不同。山东及西北产的蒜薹较耐二氧化碳,而河南产的蒜薹则不耐二氧化碳,贮藏中不应超过 13%。另外,到贮藏后期,蒜薹对二氧化碳的耐受力也逐渐减弱。故贮藏后期应适当提高氧气的浓度,而降低二氧化碳浓度。

4. 贮藏方法　准备贮藏的蒜薹应选择品质较嫩的产品。一般在组织未硬化前及顶端花球未充分膨大时采收。蒜薹以长 23~40 厘米,梢部向上弯,色泽为绿色无斑点的贮藏为佳。如蒜薹过老,易失水,下部最易变黄枯干;过嫩时,含水量大,易腐烂,不宜长期保管。

(1) 冰窖贮藏　冰窖贮藏是采用冰来降低和维持低温高湿的一种方式。蒜薹收获后,经分级整理、包装好,先在窖底及四周放 2 层冰块,再一层蒜薹一层冰块交替码至 3~5 层蒜薹,上面再压 2 层冰块。各层空隙用碎冰块填实。贮藏期间应保持冰块缓慢地融化,窖内温度在 0℃~1℃,空气相对湿度接近 100%。冰窖贮藏蒜薹在我国华北、东北等地已有数百年历史。贮藏至第二年,损耗约为 20%。但冰窖贮藏时不易从外观发现蒜薹的质量变化,所以蒜薹入窖后每隔 3 个月检查 1 次,如个别地方下陷,必须及时补冰。如发现异味,则要及时处理。冰窖贮藏蒜薹的优点是,环境温度较为稳定,空气相对湿度接近饱和湿度,蒜薹不易失水,色泽较好。但缺点是窖容量小,工作量大,贮藏中途不易处理,一旦发生病害,损失较大。

(2) 气调贮藏

①塑料薄膜袋贮藏:采用自然降氧并结合人工调控袋内气体成分进行贮藏。用 0.06~0.08 毫米的聚乙烯薄膜做成 100~110 厘米长,宽 70~80 厘米的袋子,将蒜薹装入袋中,每袋装 18~20 千克。待蒜薹温度稳定在 0℃后扎紧袋口,每隔 1~2 天,随机检测袋内氧气和二氧化碳的浓度,当氧气降至 1%~3%,二氧化碳升至 8%~13%时,松开袋口,每次放风换气 2~3 小时,使袋内氧气升至 18%,二氧化碳降至 2%左右。如袋内有冷凝水要用干毛巾擦干,然后再扎紧袋口。贮藏前期可每隔 15 天左右放风 1 次,贮藏中后期,随着蒜薹对二氧化碳的忍耐能力减弱,放风周期逐渐缩短,中期约 10 天 1 次,后期 7 天 1 次。贮藏后期,要经常检查质量,观察蒜薹质量变化情况,以便采取适当的对策。

②塑料薄膜大帐贮藏:先将捆成小捆的蒜薹,薹苞朝外均匀地码在架上预冷,每层厚度为 30~35 厘米,待蒜薹温度降至 0℃时,即可罩帐密封贮藏。塑料大帐可分为帐底和帐身两部分。具体做法是:先在地面上铺 5~6 米长,1.5~2 米宽,厚 0.23 毫米的聚乙烯薄膜。将处理好的蒜薹放在箱中或架上,箱或架并列 2 排放置。在帐底放入消石灰,每 10 千克蒜薹放约 0.5 千克。每帐可贮藏 2 500~4 000 千克蒜薹,大帐比贮藏架高 40 厘米,以便于帐身与帐底卷合密封。另外,在大帐两面设取气孔,两端设循环孔,以便于抽气检测氧气和二氧化碳的浓度,帐身和帐底薄膜四边互相重叠卷起再用沙子埋紧密封。大帐密封后,降氧的方法有 2 种,一种是利用蒜薹自身呼吸使帐内氧气含量降低。另一种是快速充氮降氧。方法是:先将帐内的空气抽出一部分,再充入氮气,反复几次,使帐内的氧气下降至 4%左右。有条件的可采用气调机快速降氧,降氧后,由于蒜薹的呼吸作用,帐内的氧气进一步下降,当降至 2%左右时,再补充新鲜空气,使氧回升至 4%左右,如此反复,使帐内的氧气含量控制在 2%~4%,二氧化碳也会在帐内逐步积累,当二氧化碳浓度高于 8%时,可被消石灰吸收或气调机脱除。

此法贮藏比较省工,贮藏时间长达 8~9 个月,质量良好,好菜率可达 90%,且薹苞不膨大,薹梗不老化,贮藏量大,缺点是帐内的空气相对湿度较高,包装材料易感染病菌而引起蒜薹腐烂。所以,应注意采取措施控制霉菌(表 7-2)。

表 7-2　蒜薹气调贮藏时常出现的损害及防治措施　　(邓伯勋,2002)

损害的现象	产生的原因	采取的措施
蒜薹的包装袋内乙醇味较重	氧气浓度过低或二氧化碳浓度过高	调节气体成分
蒜薹僵硬,呈墨绿色,严重时组织表面起泡	温度过低,长时间低于冰点所致	缓慢解冻,解冻后不能继续贮藏。若轻微冻结,缓慢解冻后仍可贮藏
蒜薹发黄,薹茎发黄发糠,并有霉变发生	温度偏高、不稳定,或氧气浓度过高	加强温度控制、调节气体成分、查补漏气处
薹茎膨大、薹苞出现腐烂	温度过高,或长期高氧促进呼吸作用,后期由于湿度大,露水多	调节贮温、控制气体成分并及时检查包装
霉菌感染,引起蒜薹腐烂	库房、包装等灭菌不彻底或蒜薹田间带菌	去掉霉变部分,加强温湿度管理
死薹苞、薹茎出现凹陷、病斑、断条	成熟度偏低、长期缺氧和高二氧化碳	调节气体成分,及时处理销售

③硅窗袋贮藏：将一定大小的硅橡胶膜镶嵌在聚乙烯塑料袋或帐上，利用硅橡胶对氧和二氧化碳的渗透系数比聚乙烯薄膜大的特点，使帐内蒜薹释放的二氧化碳透出，而大帐外的氧气又可透入，使氧气和二氧化碳浓度维持在一定的范围，可不必每天测定袋内的气体成分。

蒜薹贮藏前应经过预冷，然后装入袋中，扎紧袋口，放置在0℃的架上，贮藏一般可达10个月，商品率可达90％左右。

(3)冷藏 将选择好的蒜薹经充分预冷(12～14小时)后，装入箱中，或直接码在架上。库温控制在0℃～1℃。采用此法贮藏时间较长，但容易脱水及失绿老化。

六、薯芋类蔬菜的贮藏

(一)马铃薯的贮藏

马铃薯又名土豆、洋芋等，属茄科1年生植物，在我国栽培极为广泛，既是很好的蔬菜，又可作为主食品的原料，是人们十分喜爱的粮菜兼用作物。

1. 贮藏性状 马铃薯收获后有明显的休眠期，其休眠期一般为2～4个月，品种之间有差异。刚采收的马铃薯呼吸强度大，失水严重，同时，采收时产生较多的伤口，容易感染病菌，随着伤口处形成愈伤组织，可阻止病菌侵入。当进入生理休眠阶段，呼吸强度降低，这时，即使条件适宜也不会发芽。生理休眠期后，如环境条件适宜，就会发芽生长。马铃薯的休眠期长短同品种、成熟度、播种条件、贮藏环境有关。一般早熟品种比晚熟品种休眠期长；未充分成熟的比充分成熟的长；秋播的比春播的长；贮藏期间低温、低湿和高二氧化碳会延长休眠。薯块贮藏在漫射光下会发芽，且在薯块皮层产生叶绿素，发芽变绿的薯块茄碱苷会急剧增高，当超过正常含量时,人食用后便会引起不同程度的中毒。

2. 采收及处理

(1)采收成熟度的确定　马铃薯一般在地上部分枯黄后采收,此时,薯块发硬,外皮坚韧,淀粉含量高,薯块变为粉质。采收时应选择晴天,土壤较干燥时采收。

(2)采收方法　马铃薯采收可用人工采收,用锄或铁锹挖,国外也有采用机械采收的,但这种采收方法机械伤严重,不适合长期贮藏。

3. 贮藏条件

(1)温度　由于马铃薯富含淀粉和糖,且在贮藏中,淀粉和糖能相互转化,当温度降到0℃时,由于淀粉水解酶活性增强,薯块内单糖积累,如贮温过高,则淀粉水解成糖也会增多。所以,马铃薯的贮藏适温为3℃～5℃。

(2)湿度　马铃薯贮藏适宜的空气相对湿度为80%～85%。

4. 贮藏方法　马铃薯贮藏的形式多种多样,南方多采用室内堆藏,北方多采用沟藏、窖藏。

(1)室内堆藏　一般将薯块装筐后码在室内,这种方法简单易行,但抑芽效果差。

(2)沟藏　东北地区在7月中下旬收获马铃薯,采收后先预贮,直到10月份挖沟贮藏。沟深1～1.2米,宽1～1.5米,长度按贮藏量而定。薯块堆至距地面0.2米处,上覆土保温,覆土总厚度0.8米左右,要随气温下降分次覆盖。沟内堆薯不能过高,否则沟底及中部会使温度偏高。

(3)窖藏　西北地区土质黏重坚实,多采用井窖或窑窖,贮藏量可达3 000～3 500千克,由于利用窖口通风调节温度,所以保温效果较好,但入贮初期不易降温。因此,产品不能装得太多。窖藏的马铃薯容易在薯堆表面出汗,为此可在严寒季节于薯堆表面铺放草席,以转移汗层,防止萌芽与腐烂。

(4)通风贮藏库　一般在通风贮藏库内堆藏,堆高不超过2米,堆内放置通风塔。也可码成垛进行贮藏。

不管采用何种方法,薯堆周围要注意留有一定的空隙,以利于通风散热。以通风库的体积计算,空隙不得少于1/3,最好有1/2空隙。

(5)其他方法　马铃薯贮藏时采用某些药物处理可防止腐烂和抑制发芽。过去多用硫酸铜、多菌灵等杀菌剂混溶于清洗、护色液中对马铃薯进行处理,现在多用苯诺米尔(benomyl)、噻苯咪唑(TBZ)、氨基丁烷熏蒸剂进行防腐,仲丁胺(50%)按每千克薯块60毫克或60克/米^{3}剂量使用,熏蒸时间12小时。抑制发芽常采用青鲜素,国外一些公司在我国马铃薯产区推广的抑芽剂,主要成分就是青鲜素,使用浓度为2500毫克/升,在收获前4~6周喷施马铃薯植株。另一种化学药剂氯苯胺灵是目前世界上应用最广泛的马铃薯抑芽剂。使用方法有熏蒸、粉施、喷雾和洗薯4种,以熏蒸效果最好,可长达9个月。熏蒸的适宜浓度为0.5%~1%,一次熏蒸时间在48小时左右,洗薯块溶液的适宜浓度为1%。

(二)芋头的贮藏

1. 贮藏性状　芋头是我国南方的特产,有一种特殊的香味,淀粉含量高,仅次于粉葛,比较耐贮运。

2. 采收及处理　芋头的最佳收获期可根据植株的生长状况来确定。当芋叶发黄,叶柄基部有柔软感,折断时无清脆之声,根系枯萎,是地下球茎成熟的象征,此时,球茎淀粉及各种营养成分含量最高,风味鲜美,产量也最理想,为最佳收获期,采收前10~15天,将沟底水排干,让土壤干爽,即可进行采收。收获时先挖出一边的泥土,然后抓紧茎叶向内拉。这样收获的芋头机械伤少。一般提早采收产量较低。延迟采收对芋头的产量没有多大影响。但是芋头喜湿润,怕寒冷,稍微霜冻便腐烂变质,因此在有霜冻地区应及时采收,在冬季无霜冻,气候温暖的地区,芋头的采收可延迟到翌年春季。

3. 贮藏条件 一般将芋头堆放在温度 5℃~10℃,空气相对湿度 85% 的通风良好的条件下贮存,贮藏时间可长达 6 个月。

4. 贮藏方法

(1)挂藏 芋头收获后,选择大小差不多的个体用草绳捆绑成团,每团重 7~10 千克,挂于室内。此法及时、方便,但贮藏量较小,若是种芋用此法贮藏,易造成失水过多。

(2)室藏 选择朝南的较暖房间,靠墙角用土坯或砖块在两侧各垒至高 33 厘米左右,上面铺细竹或芦竹,再铺一层干草,然后上面放厚 24~27 厘米的芋头,在第一层的两侧再用砖块垒高 30 厘米,上铺细竹、干草,铺放第二层芋头,如此层层堆放,约可堆放 4 层。根据当地天气冷暖变化,及时盖草保温或去草防闷。此法的优点是便于控温控湿,损耗少,便于检查,缺点是成本较高。

(3)窖藏 在室外选择地势较高,排水良好,背风向阳的地方挖窖,窖深可根据具体地势高低而定,一般约 83 厘米。窖宽 1~1.3 米,长 2.3~3.3 米,每窖可贮藏芋头 1 500~2 000 千克。贮藏前窖底和四周须用干燥的麦秸或稻草铺垫好,随后将芋头放入窖内,通常芋头堆放可高于地面 33 厘米,顶上部呈弧形,上面盖一层 10 厘米厚的麦秸或稻草,然后盖土,土厚 45~50 厘米,并拍打严实,呈馒头形,以便于泻水。在窖的四周要开挖排水沟,以利于排水。此法的优点是可随用随取,贮藏时间长,缺点是管理不好,易造成腐烂变质。所以,藏后要经常检查盖土有无裂缝、鼠洞等,雨天还要检查是否漏水,窖的四周有无积水等,以便于及时处理。对于留种的种芋,不能随时开窖取出,而是要到翌年 3~4 月才能开窖取出,因种芋留种时间长,贮藏过程中更要注意检查,必要时还要在晴暖天气的中午开窖检查,以防腐烂。

(三) 甘薯的贮藏

1. 贮藏性状 鲜薯体积大,含水量高,组织幼嫩,皮薄易破损,易受冷害和感染病害而发生腐烂。贮藏期间温度、湿度和空气等环境因素控制的好坏直接关系到薯块的保存质量,处理不好会造成上述甘薯病害的发生,带来较大的经济损失。

2. 采收及处理 甘薯薯块生长在地下,收获时须格外小心。选择干燥晴朗的早晨割去薯秧,在光照充足的条件下起薯,先从垄两侧去掉表土,再从两株之间下镐,起出薯块,起薯时一手把着拐子,一手抖掉泥土,然后轻轻放在身后的空地上,薯块表层的土晒干后,即可精心挑选无伤、无病、直条、表面光滑鲜艳的薯块轻装轻卸运回。为防止薯块损伤,车上要铺放一层薯秧。

3. 贮藏条件 整个贮藏期窖温不能低于9℃或高于15℃,最适宜的窖温是11℃～13℃。如果长期处于9℃以下,就会遭受冷害招致烂窖;反之,长期处于15℃以上,薯块就会发芽;空气相对湿度经常保持在90%,对保证薯块新鲜程度有重要作用。贮藏期间必须保证窖内有足够的氧气,薯窖容量大小与窖藏薯块数量比例要适当,一般贮藏量应略低于窖容量的2/3。贮藏过满容易引起供氧不足,贮量过小易遭受冷害。

4. 贮藏方法

(1) 窖藏法 甘薯通常采用窖贮方法。建窖应选向阳背风,干燥通风,地下水位高的高地或坡地。旧土窖须将窖墙旧土刮去一层,然后用硫黄或福尔马林熏蒸消毒。将收获后的甘薯,选择无病伤的薯块装筐(箱),在窖(库)内堆码,或堆垛贮藏。为防止染病,可用1%的70%甲基托布津溶液或新科源液体保鲜剂二号浸泡薯块3分钟,捞出晾干后入贮。甘薯入窖容量不可超过2/3,留出空间,以利于通风排湿,防止"闷窖"。贮藏期间控制窖(库)温在10℃～14℃,空气相对湿度控制在80%左右,防冻、防闷、防烂。

第七章 主要蔬菜产品贮藏

甘薯贮藏期间还要用甲胺磷等剧毒鼠药防止鼠害。人员下窖操作时,要注意防止二氧化碳中毒。

(2)冷库贮藏　将经过挑选的甘薯装箱(箱两边各开2个孔)或装筐,然后入库码垛或上架摆放,入库的甘薯先经愈伤处理,愈伤后迅速将库温降到12℃~15℃,即进入正常管理阶段。愈伤时注意要洒水增湿,使空气相对湿度达90%~95%,而贮藏期间要通风降湿,空气相对湿度保持在85%~90%。贮藏期为5~7个月。贮藏中如发现病薯应立即拣出,防止蔓延。

(3)屋窖贮藏　屋窖的结构与普通房屋相似,但墙壁、屋顶很厚,四周密封,窗户对开,有加温用的火道,可进行高温愈伤处理。屋窖分大屋窖(贮甘薯10 000~50 000千克)和小屋窖2种。小屋窖窖体小,省工省料,适合农户贮藏甘薯用,一般每窖可贮甘薯1 500~3 000千克。小屋窖可利用旧屋的角落改建,也可新建,一般长2~3米,宽2~2.3米。如修建半地下式可向下挖0.7~1米,再垒墙。如修建地上式,可自地面向上垒墙,墙厚0.7~1米。也可垒成双层墙,中间填土或填碎草。墙高约2米,南边或东边留门。屋顶起脊,瓦顶或草顶皆可,顶厚约0.5米,房檐与屋山要包严,不能裂缝透风。前后墙要留对口窗。室内建回笼火道,室外在进火口处修建煤火灶。

甘薯入窖前在窖内铺荆笆或高粱秆,使薯堆不直接接触地面。薯堆中间每隔1相对米放一个通气筒或高粱把,堆高1.3~1.5米,上留约0.5米空间,薯堆四周不可直接靠墙。

甘薯高温愈伤处理时,火要大,加温要猛,使窖温1昼夜内上升至32℃~35℃,薯堆上、中、下都要放置温度计,每隔1~2小时检查1次温度,保持4~6天即可促使伤口愈合。高温处理后应打开窖门及对口窗,使窖温迅速下降至15℃左右,即可进入正常管理。

贮藏前期,如窖温过高,可在晴天开窗散热,待窖温稳定在

13℃时,应注意保温。以后随气温下降加挂门帘,并堵死出气口。天气寒冷时,应生火加温,并在薯堆上盖草保温。立春后天气转暖,在晴天可适当开窗通气。整个贮藏期每隔2~3天检查1次窖温,尤其应注意窖西北角下部易出现低温。

七、根菜类蔬菜的贮藏

萝卜、胡萝卜均属根菜类蔬菜。萝卜又名莱菔、芦菔,为十字花科萝卜属植物;胡萝卜又名红萝卜、黄萝卜、金笋、甘笋等,是伞形科胡萝卜属植物。二者在我国各地都有栽培,也是重要的秋贮蔬菜。尤其在北方,萝卜、胡萝卜的贮藏量大,供应时间长,对调剂冬春蔬菜供应有重要的作用。

(一)贮藏性状

萝卜原产我国,胡萝卜原产中亚细亚和非洲北部,性喜冷凉多湿的环境条件。萝卜和胡萝卜均以肥大的肉质根供食。萝卜和胡萝卜没有生理上的休眠期,在贮藏期遇有适宜条件便萌芽抽薹,这样就使薄壁中的水分和营养向生长点转移,从而造成糠心。糠心是由根的下部和根的外皮层向根的上部和内皮层发展的。贮藏时由于空气干燥,促使蒸腾作用加强也是造成薄壁组织脱水变糠的因素。温度过高及遭受机械伤都会促使呼吸作用加强,水解作用旺盛,使养分消耗增加,也能促使糠心。萌发与糠心既导致肉质根失重,糖分减少,又使组织绵软,风味变淡,降低食用品质。所以防止萌芽和糠心是贮藏好萝卜和胡萝卜最关键的问题。

(二)采收及处理

1. 采收时间 贮藏的萝卜以秋播的皮厚、质脆、含糖和水分多的晚熟种为主,地上部分比地下部分长的品种以及各地选育的

第七章 主要蔬菜产品贮藏

一代杂种耐藏性较高。如北京的心里美、青皮脆,天津的卫青,济南的青圆脆,沈阳的翘头青等。另外,青皮种比红皮种和白皮种耐贮。胡萝卜中以皮色鲜艳,根细长,根茎小,心柱细的品种耐藏,如鞭杆红、小顶金红等耐藏性较好。

适时采收对根菜类的贮藏很重要。收获过早因气温高不能及时下窖贮藏,或下窖后不能使菜堆内温度快速下降,都易促进萌芽和变质。收获过晚则直根生育期过长,贮藏中也容易糠心,还会使直根在田间受冻,而贮藏中受冻的直根会大量腐烂,也易糠心,为能适时收获并使产品达到适宜的成熟度,就要掌握播种时期。在华北地区,萝卜大致在立秋前后播种,霜降前后收获;胡萝卜生长期较长,一般则播种稍早而收获稍晚。

2. 采收方法 将萝卜或胡萝卜整株拔起,随即去掉缨叶,防止贮藏期间发芽空心。但要注意防止伤口过大,否则容易造成病菌侵染和水分蒸发,同时,会刺激呼吸作用上升而加快养分的消耗,造成糠心。

(三)贮藏条件

1. 温度 萝卜的贮藏适温为1℃~3℃,当温度高于5℃以上贮藏,会在较短时间内发芽、变糠;而温度在0℃以下时很容易遭受冻害。胡萝卜的贮藏适温为0℃~1℃。

2. 湿度 萝卜、胡萝卜含水量高,皮层缺少蜡质层、角质层等保护组织,在干燥的条件下,容易蒸腾失水、造成组织萎蔫、内部糠心,加大自然损耗。因此,萝卜、胡萝卜要求较高的空气相对湿度,一般为90%~95%。

3. 气体成分 低氧、高二氧化碳能抑制萝卜、胡萝卜的呼吸作用,使之强迫休眠,抑制发芽。适宜的氧气浓度为1%~2%,二氧化碳浓度为2%~4%。

(四)贮藏方法

1. 沟藏 选择地势高、地下水位低、土质黏重、保水力强的地方,取东西方向挖沟,沟宽 1~1.5 米。过宽则增大气温的影响,减少土壤的保温作用,难以保持沟内的稳定低温。沟的深度应比当地冬季的冻土层深一些。例如,北京地区在 1 米深的土层处,1~3 月份温度在 0℃~3℃,大致接近萝卜、胡萝卜的贮藏适温。

萝卜、胡萝卜可以散堆在沟内,最好利用湿沙层积,以利于保持湿润并提高直根周围的二氧化碳浓度。直根在沟内堆积的厚度一般不超过 0.5 米,以免底层受热,下窖时在贮藏产品的面上覆一层薄土,然后,随气温的逐步下降分次添加,覆土总厚度一般为 0.7~1 米,湿度偏低时可浇清水,使土壤含水量达 18%~20% 为宜,但沟内不能积水。埋藏的根菜多为一次出沟上市。

2. 窖藏和通风贮藏库贮藏 窖藏和通风贮藏库贮藏根菜是北方常用的方法。窖藏贮藏量大,管理方便。根菜经过预冷,待气温降到 1℃~3℃,再将根菜移入窖内,散堆或码垛均可。萝卜堆高 1.2~1.5 米,胡萝卜的堆高 0.8~1 米,堆不宜过高,否则堆中心温度不易散发,造成腐烂加剧。为促进堆内热量散发和便于翻倒检查,堆与堆之间要留有空隙,堆中每隔 1.5 米左右可设一通风塔。贮藏前期一般不倒堆,立春后,可视贮藏状况进行全面检查和倒堆,剔除腐烂的根菜。贮藏过程中,注意调节窖内温度,前期窖内温度过高时,可打开通气孔散热;中期要将通气孔全部关闭,以利于保温;贮藏后期,天气逐渐转暖,要加强夜间通风,以维持窖内低温。在窖内如用湿沙与产品层积效果更好,便于保湿并积累二氧化碳。

通风贮藏库贮藏方法与窖藏相似,其特点是通风散热比较方便,贮藏前期和后期不宜过热。但由于通风量大,萝卜容易失水糠心;中期严寒时外界气温低,萝卜容易受冻。因此,保湿和保温是通风贮藏库贮藏根菜的两个主要问题。为搞好通风库贮藏,最好采用库内层积法,检查、倒堆管理同窖藏。

3. 薄膜帐封闭贮藏 沈阳等地近年利用气调贮藏原理,在库内用薄膜半封闭的方法贮藏根菜,以抑制失水和萌芽,效果较好。具体方法是:在库内将根菜堆成宽 1~1.2 米,高 1.2~1.5 米,长 4~5 米的长方形堆,至初春萌芽前用薄膜帐扣上,堆底不铺薄膜。这种方法能适当降低氧气的浓度,蓄积二氧化碳浓度,保持高湿,从而延长贮藏期。通常在贮藏期间要进行通风换气,必要时进行检查挑选,除去染病的,余下的继续贮藏。

八、豆类蔬菜的贮藏

(一)贮藏性状

豆类蔬菜主要包括菜豆、豇豆(豆角)、甜豌豆和荷兰豆等。其在高温下贮运,呼吸强度很高,豆荚里的籽粒生长迅速,豆荚纤维化程度不断增加并老化,品质降低,严重者失去食用价值。所以,豆类蔬菜很难保鲜,多采用低温贮藏,一般只宜贮藏 2~3 周,无冷藏条件的只能贮放 1 周以内。

(二)采收及处理

1. 适期采收 豆类蔬菜采收都应在种子尚未充分发育前进行,当豆荚里籽粒已充分发育时,豆荚纤维化、变坚韧,不能用于贮藏。在采收装运中要尽量减少豆荚损伤,尤其是豆荚尖端。豇豆采收时不要损伤留下的花序及幼小豆荚。

2. 采后处理 采收的豆荚应尽快除去田间热,降低呼吸作用,采后要立即放入预冷库或冷库,使豆温降至 10℃ 左右,并在预冷库内进行挑选、分级、装筐(袋)。菜豆、豆角可用塑料筐或瓦楞纸箱包装,每筐(箱)装至容量的 3/4 即可,筐上部覆盖一层牛皮纸,然后搬入贮藏冷库码垛,罩上塑料薄膜帐;甜豌豆、荷兰豆多用泡沫箱包装或用聚乙烯薄膜袋小包装进行自发气调贮藏。

(三)贮藏条件

豆类蔬菜的贮藏温度要求 7℃～10℃、空气相对湿度 85%～90%,菜豆在较空气相对高湿度(90%～95%)下才不易凋萎,但也不能过高,否则会造成严重腐烂。贮运中要避免温度波动过大,豇豆、菜豆低于 6℃贮运易发生冷害,高于 14℃豆荚则很快纤维化。豆类蔬菜在运输时最好用冷藏车或在货车顶上及箱外四周放碎冰降温,尽可能使温度保持在 10℃左右。采用气调贮藏时,二氧化碳浓度为 1%～2%,氧气浓度为 6%～10%。

(四)贮藏方法

豆类蔬菜一般采用低温贮藏,可将其经过预冷后移入冷库,然后用塑料薄膜罩好贮藏。贮藏期间温度保持 0℃,空气相对湿度 85%～90%。初入库时每隔 2 天检查 1 次温度、湿度及气体成分,气体含量保持氧气 5%～10%,二氧化碳 5%,并及时抖动塑料薄膜通风换气。以后每隔 5 天检查 1 次,如发现豆荚开始变黄,应立即出售。

九、水生蔬菜的贮藏

(一)莲藕的贮藏

莲藕,又名鲜藕、荷藕,是一种多年生的水生根茎类蔬菜,在我国分布广泛,近年来栽培面积逐年增加,产量提高很快。

1. 贮藏性状 莲藕依品种分为两类:一类是白花莲,根茎肥

第七章 主要蔬菜产品贮藏

大,入土较浅,外皮白色,肉质脆嫩而味甜,产量高,主要用于食用;另一类为红花莲,藕较小,肉质稍带灰色,入土较深,品质较差,主要用来采摘莲子。

莲藕成熟采收后,就处于长期休眠状态。莲藕喜阴凉,对湿度适应范围较广。其果皮较薄,保护能力差,果胶分解快,如在空气中暴露时间过长,表皮易变为紫色,进一步转为铁锈色,品质显著下降,影响其感官品质。故用来贮藏的莲藕,必须稍带泥土,以减少外界空气的影响。

2. 贮藏方法

(1)泥土埋藏　泥土埋藏分为露地埋藏和室内埋藏2种。露地埋藏应挑选耐藏品种,剔除有机械伤、对节漏气和细瘦的藕。要选择地势高而背阴避光的地方,将泥、藕相间地层层堆成斜坡形或宝塔形,用泥全部覆盖,在周围挖好排水沟,防止积水。如遇雨天,应及时遮盖,以免泥土冲散,莲藕浸水,造成腐烂。

室内埋藏先用砖砌或板条箱或木箱等封围而成埋藏坑,然后一层莲藕一层泥堆成5～6层后,再覆盖10厘米左右厚的细泥。贮藏用泥的湿度,一般应细软带潮,手捏不成团,并除去石块等杂质,以防根茎损伤和微生物的侵入。对品质好,根茎完整,粗壮的莲藕,用湿度大的泥土埋藏更好。用过的泥土,隔年再用时,须先消毒。埋藏时,莲藕再按顺序一排排放好,以免折断,并有利于倒动检查。

在有水泥地坪的库房内埋藏时,坑底需先用木板或竹架垫起10厘米,形成一个隔底。底部用药物消毒,以防霉菌滋生。然后在底上铺一层厚约10厘米的细泥土,再照此层层堆起和覆盖细泥。这样做既有利于抑制莲藕呼吸,又可预防外界微生物侵入。贮藏室可每隔2周消毒1次。

泥土埋藏莲藕时,要定期翻桩,一般每隔20～30天进行1次。翻桩时轻挖轻放,以防折断。可随食随用,随即盖严。

(2) 水藏 把莲藕带的泥土洗净,放入水缸内,用清水浸没,5～6 天换水 1 次,可贮藏 2 个月,莲藕洁白脆嫩。此法适合家庭贮藏。

(3) 塑料薄膜大帐贮藏 塑料薄膜贮藏帐不需要密封。由于根茎的呼吸,会使帐内的湿度和气体成分发生一定的变化,因此,要定时透帐,使湿度和气体成分保持在一定范围。透帐一般每隔 1 天进行 1 次。实践证明,此法用于莲藕大量上市时的短期贮藏较为适宜。贮藏莲藕 50 天时,莲藕完好,自然损耗 2.5%,到 76 天,少部分荷花头(约占 10%)出现腐烂,藕块表皮较干,自然损耗 3.8%,次藕 6.2%,好藕 80%;76 天后脱帐继续贮藏,到 113 天时,大部分根茎表面上起白花,脱水现象严重,外形干瘪,有的莲藕内部也被霉菌侵染,引起组织腐烂变质,发霉发黑,损耗达 80%,好藕只有 20%。

(二) 慈姑的贮藏

慈姑属泽泻科慈姑属中能形成球茎的栽培种,多年生水生蔬菜,性喜温暖,用顶芽繁殖。原产我国,又称茨菰、慈菰等,在华南地区和长江流域普遍栽培。慈姑食用部分为地下球茎,营养丰富,风味较佳。

1. 贮藏性状 慈姑秋季采后有一段休眠期,并且对环境条件要求不高,属耐贮蔬菜。慈姑性喜温暖和潮湿,不耐霜冻和干燥,久贮后表面略现干萎,有的表面会出现黑色斑块,但肉质仍正常。慈姑贮藏要避免积水或失水,也要防止忽干忽湿;积水易引起腐烂变质,失水易引起脱水萎蔫。

2. 采收及处理 慈姑在秋季初霜以后,茎叶枯黄,球茎充分成熟时即为采收适期。采收时,先排干水。北方要一次采收完毕,并进行贮藏,然后分批出售;而南方可陆续采收到翌年 2 月份。采收时避免球茎损伤,并带泥土。贮藏时应挑选无病害、无损伤、球茎较大、带泥的慈姑,先晾晒半日,待蒸发去表面水分后,再进行贮藏。

3. 贮藏条件 适宜的贮藏温度为1℃~3℃,空气相对湿度为95%~98%,一般贮藏寿命为60~120天。

4. 贮藏方法

(1)泥藏　选择地势较高,背阴的露天场地,用砖垒砌成坑。将经日晒消毒过的潮湿、细软的泥土铺在坑底,厚约5厘米。然后将带泥慈姑放入坑内,达3~4只球茎高度后,再盖上一层薄泥。这样一层泥一层慈姑,堆至离坑口10厘米左右时坑顶覆土。坑面培成馒头形,以利于泻水。坑周围挖排水沟以防积水。如遇暴雨,应及时加盖芦席或油毡以免泥土流失,影响贮藏。泥藏也可在室内进行,方法与露天泥藏相似,但无需排水沟。贮藏期间的慈姑在清明前必须全面翻动,切去顶芽。在气温升高时,露天泥藏的慈姑切去顶芽后,最好移至地下室继续泥藏。因为地下室温度相对低而稳定,对延迟贮藏期有利。

(2)留田贮藏　上海地区冬季最低温度一般为-8℃~-7℃,土壤即使结冻也只有10厘米左右,地温较高,利用这些特点,可于霜降前后待慈姑成熟,茎叶枯萎时将枯叶割除,原地贮藏。一般每隔5行慈姑开一条30厘米左右宽的深沟,以降低水位,防止积水引起腐烂。开沟挖出的泥均匀地覆盖在两旁的地上。覆土可以防止慈姑受冻。此法一是不破坏根须,贮藏后不仅品质良好,还会增加产量;二是可以随时采收、随时上市。

(3)水控贮藏　水控贮藏是在仓库、场地、营业棚等处,利用流水带走慈姑呼吸产生的热量,并保持较高湿度堆藏慈姑的方法。每堆慈姑500千克,中间放一通风筒,然后盖上草包或蒲包并浇水湿润。一般每隔4~5天浇1次水。遮盖的草包或蒲包应经常更换,以免滋生霉菌,引起慈姑腐烂。在常温下(15℃左右),水要多浇些,以利于散发热量。气温在0℃以下时,拿掉湿草包,换上干草包,以防慈姑受冻。为方便于经常浇水和防止积水,堆藏场地要求既能就近取水,又有阴沟可流畅排水。此外,还可利用缸、砖坑等作容器水控堆藏慈姑,即将慈姑放入底部开有排水口的容器内,上面覆盖湿草包或湿蒲包,然后按照水控堆藏的一般要求进行操作和管理。贮藏期间要注意保持慈姑堆内稳定的高湿度,既要避免积水,又要防止失水或忽干忽湿。

思 考 题

1. 叶菜类及花菜类蔬菜如何贮藏?
2. 甘蓝类及果菜类蔬菜如何贮藏?
3. 瓜类及葱蒜类蔬菜如何贮藏?
4. 薯芋类及根菜类蔬菜如何贮藏?
5. 豆类及水生蔬菜如何贮藏?

第八章 蔬菜产品质量标准与检测

一、蔬菜产品质量的概念与要素

(一)蔬菜产品质量的概念

蔬菜产品质量也称品质,系指蔬菜产品满足消费者的程度,它是用来区分蔬菜产品性质、等级、优劣程度以及衡量其商品价值特性的总称。

蔬菜产品质量常涉及销售质量、食用质量、运输质量、营养价值,以及内在和外观品质等。对质量的要求因人而异,如栽培者不仅关心外观品质,而且注重丰产、抗病性等;蔬菜产品零售商、批发商等最关心的则是外观品质、耐贮性等;作为消费者,更关注外观、口感、风味、食用性、营养价值及安全性等。

蔬菜产品的质量在商业上与在蔬菜学上的概念并不完全一致。通常蔬菜学上的质量属于自然科学范畴,多强调的是符合品种特性的内在品质;而商业上的质量还要与外观、经济、品牌及服务质量等相联系,最终是由市场来评判。

蔬菜产品质量评价内容因其种类、销售地区的不同而异,我国对蔬菜产品质量的评价主要包括营养价值、功能、方便性及安全性等几个方面。

(二)质量要素

蔬菜产品质量可以概括为3个方面。

一是性状因子。指产品的外观和质地。例如产品的大小、色泽、形状和群体的整齐度等是外观特性；而产品的硬度、脆度、致密性、韧性、弹性、纤维、汁液多少、黏稠度、粉质感等是质地特性。

二是性能因子。指与食用或观赏目的有关的特性，包括产品风味、营养价值、芳香气味等，如果蔬中含有的维生素、矿物质、蛋白质、氨基酸、碳水化合物等。

三是嗜好因子。指人们的偏好因素，其因消费集团乃至个人偏好而有所差异。广州、上海等城市居民消费芽苗类蔬菜、水生蔬菜、多年生蔬菜、野生蔬菜、稀少蔬菜等时令菜、优质高档菜比北方居民多，而北方居民消费大白菜及果菜较多，且人均购买鲜菜量比南方的多。

二、蔬菜产品质量标准

(一)蔬菜产品质量标准的含义及作用

蔬菜产品质量标准是对蔬菜产品质量及其相关因子所提出的准则。蔬菜产品标准化是商品标准化的一部分，是指对蔬菜产品的质量规格制定统一标准，在标准的指导下，进行收购、检验、交换验收、包装贮运、销售服务等商品化过程。

蔬菜产品标准是评定园艺产品质量的依据，通过蔬菜产品标准的制定和执行，就能够保证质量达到当前应有的水平，能够刺激生产者改进栽培措施，促进质量和商品率的提高。它可以给生产者、收购者和流通渠道中各环节提供贸易语言，是生产和流通中评定蔬菜产品质量的技术准则和客观依据，有助于生产者和经营管理者在蔬菜产品上市前做好准备工作和标价。等级标准还可以为优质优价提供依据，能够以同一标准对不同市场上销售产品进行比较，便于市场信息的交流。当蔬菜产品质量发生争议时，可根据标准做出裁决，为蔬菜产品的期货贸易奠定基础。

(二)蔬菜产品质量标准的分类

蔬菜产品的标准种类很多,仅我国现有的果品质量标准就有近30个。根据商品的内销、外贸的要求,可将标准分为国内标准和输入、输出标准;根据商品标准的制定手续、适用范围及其内容的完善程度,可将标准分为国际、国家、专业(部级)、协会和企业5级。国际标准一般标龄长,要求高,但属非强制性标准;国家标准是指对全国经济、技术发展有重大意义的、必须在全国范围内统一,内容比较完善的商业标准;专业主要是指全国性的各专业范围内统一批准的,由主管部门组织制定、发布,或由有关部门联合制定、发布,并报送国家标准总局备案的商品标准;企业和协会标准则是根据企业或协会的需要而制定的商业标准。一般来讲,除国际标准外,其他标准往往是强制性的。

标准化管理部门为了方便使用、保管、检索标准,对所发布的标准规定了相应的代号和编号。我国现行的标准代号由两个汉字的拼音的第一个字母组成(表8-1),如 SB 是商业部标准的代号,WB 是卫生部标准的代号,ISO 为国际标准的代号,ZB 是指专业标准代号。编号则由顺序号和年代号组成,如 GB 10650—89,GB 为国家标准,10650 为标准编号,89 表示 1989 年发布的。

表 8-1 与蔬菜产品行业有关的标准代号 (邓伯勋,2002)

类型	国际标准	国家标准	农业部标准	专业标准	林业标准	医药标准	商标标准
代号	ISO	GB	NY	ZB	LY	YY	SB
类型	轻工标准	商业标准	外经贸标准	包装标准	海关标准	卫生部标准	邮政标准
代号	QB	SB	WM	BB	HS	WB	YZ

注:ⅹⅹ/T 表示推荐性标准代号,如 GB/T 表示推荐性国家标准代号

标准修订时,标准顺序一般不变,仅把年份改为新修订的年

份,如制订的标准等同采用国际标准时,在封面和书面上要分上下两行,用双重标准编号,表示方法如下:

GB　　　×××　　××××
ISO　　×××　　××××

蔬菜由于供食用的部分不同、成熟标准不一致,没有一个固定的统一规格标准,只能按照各种蔬菜品质的要求制定个别的标准。我国已为大白菜、花椰菜、辣椒、黄瓜、番茄等20余种新鲜蔬菜制定了标准。蔬菜分级通常根据大小、重量、颜色、形状、成熟度、坚实度、清洁度、新鲜度,以及病虫感染和机械损伤等各个方面。通常分级的级别有3种:即特级、一级和二级。特级品质最好,具有本品种典型形状和色泽,没有外表及内部的缺点,大小一致,并且包装排列整齐,允许5%的误差(数目或重量)。一级产品与特级有同样的品质,允许色泽、形状稍有缺点,外表稍有斑点,但这些缺点一般不影响外貌和保存品质。产品在包装中不需要严格排列整齐,允许误差为10%。二级产品允许有某些外部和内部缺点,最好还是新鲜销售,价廉质也不差。这一分级标准我国已参照应用。

(三)蔬菜产品质量标准的内容

1. 适用范围　在标准中首先要说明应用于什么蔬菜产品,以及分类、分级等内容。

2. 技术部分和补充说明　这里必须规定蔬菜产品的质量指标及各级商品的具体要求,也规定了取样和检验的方法,规定了蔬菜产品的包装、标志以及保管、运输、交接验收的条件。标准的内容要简练,语言要准确,最好具有数量概念。不同级别的标准对蔬菜产品的质量要求是不同的。

三、蔬菜产品的质量检验

(一)检验方法

蔬菜产品的检验是指依据蔬菜产品标准,对蔬菜产品的质量进行科学的鉴定,以判断其质量好坏程度和使用价值大小的过程。检验是一项综合评定和分析蔬菜产品质量的工作,其目的不仅在于确定产品的质量是否符合标准、属于什么等级,还要进一步阐明蔬菜产品的成分、性质等各方面的特点。同时,蔬菜产品检验也是推行蔬菜产品标准的一个重要手段。蔬菜产品的检验不仅为产品标准的制定提供了大量的数据依据,同时也是贯彻价格政策,按质论价的重要手段,在保护商品质量、降低损耗、加速商品流通中起着重要作用。

1. 采样方法 采样是蔬菜产品检验的第一道手续,采样是否具有代表性与检验结果的准确性有密切的关系。为了使所抽检的样品能代表整批蔬菜产品的品质,采样时必须依据统计学原理,保证整批产品中的任何一个有相等的概率被抽取。对于小批产品,可以逐个检验,不存在采样问题;对于大量产品,一般必须将整个产品划分为几个部分,然后再随机抽取某一部分进行随机抽样。

2. 感官检验法 感官检验法是指用耳、目、口、鼻、手等感觉器官来检验蔬菜产品质量的方法,该法在园艺产品中应用比较广泛。其优点是快速简便,不需复杂和特殊的仪器和试剂,不受地点限制,适宜于蔬菜产品的特性。缺点是受检验人员的生理条件、工作经验和外界环境的影响较大,具有一定的主观性。为了减少主观性,通常可以采取集体(评定小组)审评和记分法。

(1)两点比较法 两点比较法是指对两种试验样品的每一点进行比较,容易得到最可信赖的结果。如在识别试验中提出问题

"有 A、B 两个样品,你感觉哪个更甜呢?",在测定嗜好时提出"你认为哪个理想呢?",然后归纳回答问题后再进行统计处理,就可以得出比较理想的试验结果。

(2)三点试验法　三点试验法是指将 A、B 两个样品组合成 AAB 和 ABB,然后提问"在三个样品中,有哪两个是相同的,哪一个是不同的?"。如果考虑排序,就可产生 6 种组合。这个方法偶然性概率是 1/3,与两点法比较,其优点是可以减少重复次数。在两点法中,由于偶然性的概率较大,如果不增加重复次数,在统计上是很难出现显著性。

(3)评分法　评分法是指根据制定的标准对试验样品进行评分的方法。因其可以同时进行多种试验样品,所以目前应用比较广泛。评分法又可分为根据所提出的标准(表 8-2)进行比较评分法,和根据鉴定小组个人经验进行绝对性评价的绝对评分法。

表 8-2　评分标准举例　　(邓伯勋,2002)

主观指标	最好	很好	好	稍好	一般	稍坏	坏	很坏	最坏
分值(分)	9	8	7	6	5	4	3	2	1

在感官评定时,要特别注意,评定成员不能疲劳,因为连续几次,精确性会急剧降低,尤其对芳香和风味的评定;另外,在样品多的情况下,应随机取样,且注意不要使评定成员预先判断出什么试样。

3. 理化检验法　理化检验法是指利用各种仪器设备和化学试剂来鉴定商品品质的方法。与感官法相比,结果较为精确,能用具体数字表示,能深入地测定蔬菜产品的成分、结构和性质等。缺点在于程序复杂不方便,对产品大多有一定的破坏作用。随着科技的发展,理化检验将朝着快速、少损或无损方向发展。理化检验具体又可分为物理检验和化学检验,前者多用于检验蔬菜产品的长度、强度、体积、颜色、重量等物理和形态指标；后者多用于检验蔬菜产品的营养成分和生理生化指标。

(二)检验内容

1. 外观品质 包括大小、形状、整齐度、颜色、光泽和有无缺陷等几个方面。

2. 质地品质 如硬度、感官质地(蔬菜主要通过品尝咀嚼来感受其粗细、脆度等)。另外，果蔬、花卉还有各自的质地指标。

3. 风味品质 包括一些如甜、酸、涩、苦、辣等特殊气味物质等指标的测定。

4. 营养价值 主要包括一些有利于人体身心健康的指标，如维生素、矿物质等的测定。

5. 安全因素 主要指蔬菜产品的污染和食品卫生。细菌、寄生虫、真菌、农药、放射性物质和工业有害物质均可造成蔬菜产品的污染，特别是农药和工业污染对人类健康影响极大，目前还无法完全把它们从产品中清除，但要注意检验，以免引起危害。

"蔬菜水果中农药多残留快速扫描技术"(MRSM)是我国最近从国外引进，并经国内消化吸收的国际先进的农药残留检测技术，这种方法的灵敏度和精确度完全能够满足我国现有的农药残留限量标准及美国 EPA 标准。

(1)农药污染 据调查，进入人体的农药，约 10% 来自大气和饮水，90% 左右通过食物进入人体，施用农药确实提高了园艺产品的产量和品质，但对环境影响之大也不能低估。世界卫生组织和各国都专门制定了农药允许残留量。我国已经加入世界贸易组织，降低果蔬中农药残留，与国际标准接轨是我国蔬菜产业健康持续发展的必由之路。

避免农药污染除了大力开发高效、低毒、低残留农药外，重要的是加强农药管理，限制某些农药的使用范围，规定农药与作物收获的安全间隔期和建立健全有效的法规。随着经济的发展,人们对生活质量的要求也越来越高,绿色食品这一概念应运而生。绿色食品是无污染、安全、优质、营养类食品的总称。根据中国绿色食品发展中心的规定,绿色食品分为两种:AA级和A级。AA级绿色食品指在生态环境质量符合规定标准的产地,生产过程中不使用任何有害化学合成物质,按特定的生产操作过程生产、加工,产品质量及包装经检测,符合特定标准,并经专门机构认定,许可使用AA绿色食品标志的产品。A级绿色食品指在生态环境质量符合规定标准的产地,生产过程中允许限量使用化学合成物质,其余条件与AA级绿色食品相同。

符合上述两种要求生产的蔬菜、水果可以称之为绿色蔬菜、绿色水果。简而言之,AA级绿色食品除产地环境符合规定外,生产过程中不允许使用化学肥料和化学合成的农药激素等,这种食品国际上称之为有机食品。因此,AA级绿色食品与国际上有机食品是一致的。

A级绿色食品在生产过程中,允许限量使用限定的化学合成物质,是指可以施用磷、钾化肥,但禁止施用硝酸盐化肥,化学合成的农药规定一些毒性不大、残效期短的可以使用。这是目前的国内标准,将来会过渡到以生产AA级绿色食品为主,与国际有机食品接轨。

(2)工业有害物质污染　包括重金属,如汞、镉、铅、铬等,重金属污染很难除去,即使数年后随雨水,冲至地下水或被作物吸收,或被鱼及其他动物食用,逐级富集,通过食物链仍可进入人体内。

除了重金属离子外,还有酚、一氧化氮、氟、硒、砷、氰化物、乙腈以及各种有机羟类有害物质,这些物质污染大气、水体和土壤,最终都会影响人类健康。治理三废,减少和清除污染是最重要的措施。

(3)食品添加剂　随着经济的发展,蔬菜产品(主要是果蔬)

的加工比重不断增加,为了改善食品品质、防腐及工艺要求,往往需要加入一些天然和化学物质,如营养强化剂、防腐剂、抗氧化剂、色素、香料等,这些物质虽有改善蔬菜品质的一面,但其中不少物质具有毒性。食用过量会危及健康,引起中毒、病变,甚至致癌、致畸形。目前我国已制定了食品添加剂使用卫生标准(GB 2740—81),其可作为蔬菜产品及其加工品检测的标准。

另外,细菌、放射性物质等也可对蔬菜产品造成污染,这些污染都对人的健康有着极大的危害,应予以重视。

四、蔬菜产品的验收

各种蔬菜产品的标准中,都有其验收、检验方法内容,并详细说明了进行检验的具体规则。经检验后,凡货单不符、品种等级不清、计数错乱、包装不符的,都应退回原单位,不能验收。新鲜蔬菜产品在到达目的地时,验收标准可以比离岸标准略低,但对加工品则不应降低标准。在蔬菜产品检验过程中,主要有下列假冒品:

一是伪造品。指质量与商品名称完全不符合的产品,如栽培蔬菜产品冒充野生产品。

二是掺假。指使用大量未注名的添加物的产品。

三是仿造品。指与真品品质不同的产品。

蔬菜产品抽样,一般以一个检验批次作为相应的抽样批次,抽取样品必须具有代表性,抽样应在全批货物的不同部位按规定的数量取样,50件以内取2件;50～100件取3件;100件以上者,以100件抽取3件为基数,每增100件增抽1件,不足100件者以100件记。在检验中,如发现质量问题,需要扩大检验范围时,可以增加抽样数量。

蔬菜的收购检验以感官鉴定为主,按各标准等级规格规定的各项技术要求,对样品进行精密检查,根据结果评定质量和等级,理化、卫生检验暂不作为收购检验的质量指标,在感官鉴定中如对样品质量和成熟度及卫生条件不能做出明确判断时,可将理化、卫生检验结果作为判定产品内在质量的依据。国际上大的拍卖市场都设有专门的质检与分级中心,统一对蔬菜产品进行分级检查验收。

经检验如果蔬菜产品不符合本等级品质条件,并超出允许度的规定范围,应按其实际品质定级验收。如交售一方不同意变更等级时,可经加工整理后再申请收购单位抽样重新检验,以重新检验结果为准,重新检验以 1 次为限。鲜品到岸的标准可以比离岸标准略低,但加工品不应降低标准。

思 考 题

1. 蔬菜产品的质量标准的含义是什么?
2. 蔬菜产品质量标准如何分类?
3. 蔬菜产品质量的检测方法有几种?
4. 蔬菜产品质量检测的内容有哪些?
5. 蔬菜产品的验收标准是什么?有哪些注意事项?

附 录

蔬菜的最适贮藏条件 （邓伯勋，2002）

品　种	最适条件 温度(℃)	最适条件 相对湿度(%)	可能贮藏时间	冻结温度（℃）	含水率（%）
番茄　绿熟	12.8～21.1	85～90	1～3 周	−0.6	93.0
完熟	7.2～10.0	85～90	4～7 天	−0.5	94.1
黄　瓜	12～13	90～95	10～14 天	−0.5	96.1
茄　子	7.2～10.0	90	1 周	−0.8	92.7
柿子椒	9～12	90～95	2～3 周	−0.7	92.4
秋　葵	7.2～10.0	90～95	7～10 天	−1.8	89.8
青豌豆	0	90～95	1～3 周	−0.6	74.3
扁　豆	4.4～7.2	90～95	7～10 天	−0.7	88.9
甜玉米	0	90～95	4～8 天	−0.6	73.9
菜　花	0	90～95	2～4 周	−0.8	91.7
花茎甘蓝	0	90～95	10～14 天	−0.6	89.9
汤　菜	0	90～95	3～5 周	−0.8	84.9
白　菜	0	90～95	1～2 个月	—	95.0
洋白菜　春天收	0	90～95	3～6 周	−0.9	92.4
秋天收	0	90～95	3～4 个月	−0.9	92.4
莴　笋	0	95	2～3 周	−0.2	94.8
菠　菜	0	90～95	10～14 天	−0.3	92.7
芹　菜	0	90～95	2～3 个月	−0.5	93.7
龙须菜	0～2	95	2～3 周	−0.6	93.0
荷兰芹	0	90～95	1～2 个月	−1.1	85.1
葱　头	0	65～70	1～8 个月	−0.8	87.5

续 表

品　种		最适条件		可能贮藏时间	冻结温度（℃）	含水率（%）
		温度(℃)	相对湿度(%)			
蒜		0	65～70	6～7个月	－0.8	61.3
胡萝卜		0	90～95	4～5个月	－1.4	88.2
姜		12.8	65	6个月	—	87.0
南　瓜		10.0～12.8	70～75	2～3个月	－0.8	90.5
土　豆	秋天收	3.3～4.4	90	5～8个月	－0.6	77.8
	春天收	10.0	90	2～3个月	－0.6	81.2
蘑　菇		0	90	3～4天	－0.9	91.1

金盾版图书，科学实用，
通俗易懂，物美价廉，欢迎选购

怎样种好菜园（新编北方本第3版）	21.00元
怎样种好菜园（南方本第二次修订版）	13.00元
南方早春大棚蔬菜高效栽培实用技术	14.00元
南方秋延后蔬菜生产技术	13.00元
南方高山蔬菜生产技术	16.00元
南方菜园月月农事巧安排	10.00元
长江流域冬季蔬菜栽培技术	10.00元
日光温室蔬菜栽培	8.50元
温室种菜难题解答（修订版）	14.00元
温室种菜技术正误100题	13.00元
高效节能日光温室蔬菜规范化栽培技术	12.00元
两膜一苫拱棚种菜新技术	9.50元
蔬菜地膜覆盖栽培技术（第二次修订版）	6.00元
塑料棚温室种菜新技术（修订版）	29.00元
野菜栽培与利用	10.00元
稀特菜制种技术	5.50元
大棚日光温室稀特菜栽培技术（第2版）	12.00元
蔬菜科学施肥	9.00元
蔬菜配方施肥120题	6.50元
蔬菜施肥技术问答（修订版）	8.00元
露地蔬菜施肥技术问答	15.00元
设施蔬菜施肥技术问答	13.00元
现代蔬菜灌溉技术	7.00元
蔬菜植保员培训教材（北方本）	10.00元
蔬菜植保员培训教材（南方本）	10.00元
蔬菜植保员手册	76.00元
新编蔬菜病虫害防治手册（第二版）	11.00元
蔬菜病虫害防治	15.00元
蔬菜病虫害诊断与防治技术口诀	15.00元
蔬菜病虫害诊断与防治图解口诀	14.00元
新编棚室蔬菜病虫害防治	21.00元
设施蔬菜病虫害防治技术问答	14.00元
保护地蔬菜病虫害防治	11.50元
塑料棚温室蔬菜病虫害防治（第3版）	13.00元
棚室蔬菜病虫害防治	

书名	价格	书名	价格
（第2版）	7.00元	术问答	11.00元
露地蔬菜病虫害防治技术问答	14.00元	莲藕栽培与藕田套养技术	16.00元
水生蔬菜病虫害防治	3.50元	白菜甘蓝类蔬菜制种技术	6.50元
日常温室蔬菜生理病害防治200题	9.50元	甘蓝类蔬菜良种引种指导	9.00元
蔬菜害虫生物防治	17.00元	白菜甘蓝萝卜类蔬菜病虫害诊断与防治原色图谱	23.00元
菜田化学除草技术问答	11.00元		
绿叶菜类蔬菜制种技术	5.50元		
绿叶菜类蔬菜良种引种指导	10.00元	白菜甘蓝病虫害及防治原色图册	16.00元
提高绿叶菜商品性栽培技术问答	11.00元	大白菜高产栽培（修订版）	4.50元
四季叶菜生产技术160题	7.00元	怎样提高大白菜种植效益	7.00元
绿叶菜类蔬菜园艺工培训教材（南方本）	9.00元	提高大白菜商品性栽培技术问答	10.00元
绿叶菜类蔬菜病虫害诊断与防治原色图谱	20.50元	甘蓝类蔬菜周年生产技术	8.00元
绿叶菜病虫害及防治原色图册	16.00元	怎样提高甘蓝花椰菜种植效益	9.00元
菠菜栽培技术	4.50元	甘蓝标准化生产技术	9.00元
茼蒿蕹菜无公害高效栽培	6.50元	甘蓝栽培技术（修订版）	9.00元
芹菜优质高产栽培（第2版）	11.00元	提高甘蓝商品性栽培技术问答	10.00元
莲菱芡莼栽培与利用	9.00元	图说甘蓝高效栽培关键技术	16.00元
莲藕无公害高效栽培技			

以上图书由全国各地新华书店经销。凡向本社邮购图书或音像制品，可通过邮局汇款，在汇单"附言"栏填写所购书目，邮购图书均可享受9折优惠。购书30元（按打折后实款计算）以上的免收邮挂费，购书不足30元的按邮局资费标准收取3元挂号费，邮寄费由我社承担。邮购地址：北京市丰台区晓月中路29号，邮政编码：100072，联系人：金友，电话：（010）83210681、83210682、83219215、83219217（传真）。